사계절 한입
화과자

사계절
한입 。

화과자

서지현 (갸또디솔레) 지음

•

한입의 위로를 전하는 화과자라는 세계

"또 책을 내시는 거예요?"

"네, 7년 만에 다시 꺼내든 마음이에요."

처음 화과자를 접하던 날부터 지금까지, 저의 하루는 온전히 이 작고 아름다운 과자와 함께였습니다. 설레는 마음으로 첫 책을 집필했던 시간이 벌써 7년 전이라니, 믿기지 않을 만큼 많은 계절이 흘렀습니다. 그동안 수많은 분이 제 책을 따라 화과자를 처음 만들었고, 어색한 손끝으로도 예쁜 결과물을 완성해 행복해하는 사진과 메시지들을 보내주셨습니다. 그 따뜻한 응원 덕분에 저는 계속해서 화과자의 길을 걸을 수 있었습니다.

공방을 운영하고, 수업을 진행하고, 카페를 꾸리고, 새로운 과자를 구상하다 보면 어느새 1년이 금방 지나갑니다. 화과자를 널리 알리겠다는 의지 하나로 백화점에서 팝업을 하며, 국내 및 해외 강의를 다니느라 바삐 움직이는 나날 속에서도 문득문득 '처음 화과자를 만들던 때의 설렘을 다시 꺼내어 보고 싶다'라는 생각이 고개를 들곤 했습니다.

그즈음, 제게 한 통의 메시지가 도착했습니다.

"선생님, 몇 달째 무기력하게 지내던 어느 날, 책장 구석에 꽂혀 있던 선생님 책을 꺼내 보게 됐어요. 한두 장 넘겨보다가 어느 순간 '한번 만들어볼까?' 하는 마음이 들더라고요. 처음 만든 벚꽃 화과자는 분명 완벽하지 않았지만… 제 눈에는 예뻐서 눈물이 나더라고요. 제 손끝에서도 이런 게 나올 수 있다는 사실이 믿기지 않았어요." 그분은 이후 공방 수업에도 참여하셨고, 지금은 소규모의 디저트 클래스를 열며 자신만의 속도로 일상을 다시 만들어가고 계십니다.

"화과자가 제 우울한 일상에 다시 불을 켜줬어요. 고맙습니다."

그분의 마지막 인사에, 저는 오래도록 마음을 다잡았습니다. 그래서 다시 펜을 들게 되었습니다.

이 책에는 지난 7년 동안 더 깊어진 저의 노하우와, 가르치며 배우고, 실패하며 다듬어온 저만의 방식이 고스란히 담겨 있습니다. 화과자를 처음 만나는 분들도, 다시 시작하는 분들도 이 책과 함께라면 '화과자'라는 세계가 결코 멀지 않다는 걸 느끼시리라 믿습니다.

이 책이 단순한 레시피 모음이 아니라, 누군가에게는 용기와 위로가 되기를 바랍니다. 지친 일상에서 나만의 속도로 화과자를 빚으며, 잠시 숨을 고르는 시간이 되기를 바랍니다. 그리고 완벽하지 않더라도 사랑하는 이들과 함께 만든 과자를 나누며 잠시나마 마음이 따뜻해지는 경험을 하셨으면 좋겠습니다.

이 자리에 이르기까지 저를 인도해주신 하나님, 사랑하는 나의 가족, 든든한 힘이 되어주는 직원들, 그리고 이 책이 좋은 모습으로 완성될 수 있도록 함께해주신 과장님과 비타북스에 감사의 마음을 전합니다. 항상 응원해주는 수강생, 독자분들도 진심으로 고맙습니다. 그리고 다시 만나서 반갑습니다.

今の私がいるのは、尊敬する先生のおかげです。心より感謝申し上げます。

2025년 무더운 여름날,
햇살 가득한 연희동 공방에서
서지현 올림

Contents

Prologue 한입의 위로를 전하는 화과자라는 세계 4

봄 **Spring**

나뭇잎 말이 38

파스텔 화분 42

개나리 나무 46

수선화 50

봄 시냇가 54

딸기 58

나비 62

병아리 66

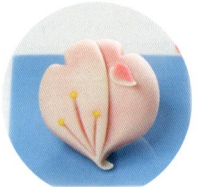

벚꽃잎 70

핑크빛 큐브 74

하늘하늘 벚꽃 양갱 78

벚꽃 축제 양갱 82

여름 Summer

가을 Autumn

겨울 **Winter**

붉은 동백 188

무늬동백 192

겨울왕국 196

뚠뚜니 눈사람 200

크리스마스 리스 204

크리스마스트리 208

루돌프 212

땡땡이 보따리 216

한라봉 220

장화 신은 곰돌이 224

반짝이는 크리스마스 228

메리 크리스마스! 232

Basic

화과자는 만들기 어려운 디저트는 아니지만 본격적으로 시작하기 전에
조금만 공부해두면 훨씬 가벼운 마음으로 만들 수 있어요.
기본 화과자 도구와 재료, 화과자를 배우는 분들이 궁금해하는 Q&A를
담았으니 꼭 먼저 읽어보세요.

화과자 Q&A 10

처음 화과자를 시작할 때는 용어부터 도구까지 궁금한 것투성이죠. 화과자를 배우는 분들이 가장 궁금해하는 질문 10가지를 모아봤어요. 이 정도만으로도 기본적인 궁금증은 모두 해결할 수 있으므로 훑어보면 큰 도움이 될 거예요!

Q1 화과자가 무엇인지 궁금해요!

'화과자(和菓子)'는 찹쌀가루나 쌀가루, 밀가루 등으로 빚은 반죽에 팥 또는 콩 앙금을 넣고 손으로 정교하게 빚은 다음 쪄서 만드는 일본 전통 과자를 통틀어 이르는 말이에요. 한자를 살펴보면 '서양식'을 뜻하는 洋(양)과 구분하기 위해 '일본식'을 뜻하는 和(화)를 붙여 표기했어요. 일본에서는 和=わ(와), 菓=が(가), 子=し(시), 즉 '와가시'로 발음한답니다.

화과자는 "첫맛은 눈으로 즐기고, 끝 맛은 혀로 즐긴다"라는 말이 있을 정도로 모양이 화려해요. 그래서인지 '화'를 '꽃 화(花)' 자로 착각하는 경우가 많죠. 워낙 아름답고 화려하다 보니 과거 일본에서는 궁중에서 신에게 바치는 음식으로 화과자를 사용했고, 왕족과 일부 귀족들 사이에서 발전해 현재까지도 고급 식품으로 여겨지고 있어요. 주로 차(茶)의 쓴맛을 덜어주기 위해 곁들이는 달콤한 과자로 사랑받았죠.

현재는 화과자가 대중화되어 일본 곳곳의 백화점이나 면세점에서 쉽게 찾아볼 수 있고, 한국에도 여러 화과자 공방과 카페들이 생길 만큼 많은 사랑을 받고 있어요.

Q2 고나시, 네리키리, 킨교쿠(양갱)⋯ 처음 듣는 이름이 많은데 이것 중에 어떤 게 화과자인가요?

모두 화과자예요! '양식(洋食)'이라는 범주에 스테이크, 파스타, 샐러드 등이 있듯이 '화과자'라는 큰 범주 안에도 수많은 종류가 있답니다. 이 책에 소개되는 고나시, 네리키리, 우이로, 양갱 외에도 당고, 만주, 도라야키 등 주재료와 만드는 방법에 따라 그 종류가 무척 다양해요. 우리가 자주 먹는 찹쌀떡, 별사탕, 모나카도 화과자의 하나라는 게 신기하죠? 책에서는 그중 SNS에서 많은 관심과 사랑을 받은 디자인 양갱, 만들기 쉽고 예쁜 색을 입힐 수 있어 모양내기 좋은 고나시, 네리키리, 우이로 등을 중점적으로 다뤘어요!

Q3 화과자에 관심이 있어 찾다 보니 '나마가시', '히가시'라는 단어들을 보게 되었는데, 무슨 말인가요?

화과자의 수분 함량에 따른 분류 방식이에요. 크게 세 종류로 나뉘는데, 수분 함량이 40% 이상이면 '나마가시(生菓子, 생과자)', 20% 이하면 '히가시(干菓子, 건과자)', 그 중간이면 '한나마가시(半生菓子, 반생과자)'로 구분해요. '나마가시'에는 만주, 모찌, 요깡(양갱) 등이, '히가시'에는 별사탕, 센베이 등이, '한나마가시'에는 모나카 등이 있답니다. 책에서 배우는 고나시, 네리키리, 우이로, 요깡은 나마가시(생과자)에 속하면서도 식감과 풍미가 훌륭해 '상품(上品)'이라는 뜻이 포함된 '죠나마가시(上生菓子)'로 구분하기도 한답니다.

Q4 책을 보고 화과자 만들기에 성공했어요! 바로 먹기엔 아쉬워서 오래 두고 싶은데, 어떻게 보관해야 할까요?

이 책에 나오는 모든 화과자는 상온에서 24시간 정도 보관 가능하지만, 직사광선을 피해야 하고 한여름에는 특히 조심해야 해요! 냉장 보관보다는 냉동 보관을 추천하며, 냉동 보관 시 3주 정도 두고 먹어도 식감에 거의 변화가 없어요. 특히, 양갱과 우이로는 냉동 상태에서 바로 꺼내 먹으면 더욱 별미랍니다.

Q5 어렵게 반죽을 했는데, 곧바로 과자를 만들지 못했어요. 반죽을 어떻게 보관해야 할까요?

고나시나 네리키리라면 '냉장 보관 일주일', '냉동 보관 한 달'간 사용 가능하고요. 다시 사용할 때는 해동한 다음 다시 치대어 말랑한 반죽 상태를 만들어주세요! 우이로는 '냉동 보관 2주' 자연 해동 사용, 양갱과 킨교쿠는 비닐이나 밀폐용기에 담아 '냉동 보관 한 달' 가능하고, 냄비에 물을 조금 넣고 담가 녹여서 사용해주세요.

Q6 반죽이 너무 달라붙어요. 도구에도 많이 붙고 앙금을 감싸기도 어려워요.

고나시와 우이로가 손에 달라붙을 때는 쇼트닝이나 식용밀랍(고체기름)을 사용해주세요(없을 경우 쇼트닝 사용 추천)! 또, 반죽이 한 김 식은 다음 만들면 더 수월하답니다. 네리키리가 너무 달라붙는다면 덜 덮었을 확률이 높아요. 전자레인지에 돌려 수분을 조금 더 날려주거나, 자주 손을 닦아가며 만들어야 해요. 양갱 같은 경우엔 점성이 높은 과자라 잘 달라붙어요. 니트릴 장갑을 낀 채로 손에 물을 뿌리고 만져주세요.

Q7 춘설앙금과 백옥앙금의 차이가 뭔가요? 꼭 그 앙금을 사용해야 하나요?

춘설앙금과 백옥앙금은 '대두식품'에서 판매하고 있는 백앙금 제품의 이름이에요. 앙금의 묽기에 따른 분류로, 형태를 유지해야 할 때는 단단한 춘설앙금을, 볶거나 녹이는 용도일 때는 부드러운 백옥앙금을 사용하면 편하답니다. 다만, 이 두 제품이 주로 활용될 뿐 다른 브랜드의 앙금을 사용해도 무관해요! 어떤 브랜드든 강낭콩으로 만든 '백'앙금이라는 게 중요하고 열처리를 통해 내가 사용하기 좋은 농도로 맞춰주면 됩니다. 앙금을 구매할 때는 함께 쓰인 숫자를 확인해주세요(35, 55, 75 등). 숫자가 높을수록 당도도 높아진답니다.

Q8 화과자 하나당 그램(무게)이 정해져 있나요?

시판 화과자 케이스에 딱 맞는 화과자는 통상적으로 하나에 50g가량입니다. 보통 반죽 25g에 앙금 25g을 감싸서 만드는데요, 비슷한 정도로 소를 조금 줄여 반죽으로 감싸기 쉽게 만들 수도 있고, 반죽과 소 양을 모두 줄여서 작고 귀엽게 만들 수도 있으니 꼭 책에 있는 무게를 정확하게 지키지 않아도 됩니다.

Q9 레시피에 적힌 설탕 양을 줄여도 되나요? 덜 달게 하고 싶어요!

결론부터 말씀드리자면 가능은 합니다. 하지만 설탕은 당도를 유지하는 목적 이외에도 단단함과 보관 기간 등에도 영향을 미친답니다. 설탕을 너무 많이 줄이면 반죽이 처지거나 화과자가 빨리 상할 수도 있다는 점을 유의해주세요.

Q10 책에 소개된 도구가 너무 많은데, 꼭 다 구매해야 할까요?

갖춰야 할 도구의 폭은 언제나 선택이에요! 숙련도가 높다면 하나의 삼각봉과 마지펜만으로도 화과자의 디자인을 다양하게 만들 수 있지만, 미숙할 때에는 알맞은 도구를 사용하여 보조하는 방법이 좋아요. 게다가 숙련도가 높더라도 원하는 모양을 빠르게 만들어내고 싶다면 적합한 도구를 많이 갖추는 게 좋겠죠? 처음부터 많은 도구를 구매할 필요는 없어요! 책을 읽어보며 공통으로 사용되는 도구들을 확인한 다음 기본 도구들만 구매해 만드는 법을 손에 익히는 것도 추천해요. 특정 색소나 고명틀이 없어도 원하는 화과자를 만들 수 있으므로 레시피를 바탕으로 자유롭게 본인 스타일로 응용해보길 바랍니다.

도구 소개

화과자를 만들 때 필요한 도구들을 소개할게요. 이 도구들만 있다면 집에서도 손쉽게 화과
자를 만들 수 있답니다. 아직 화과자가 생소하다면 미리 도구의 종류와 사용법을 알아보세
요. 책에 소개된 도구들이 전부 필요한 것은 아니에요. 고명틀이나 플런저커터와 같은 도구
들은 좀 더 편하게 만들 수 있는 보조 도구이니 참고만 해주세요.

스테인리스 찜기

고나시와 우이로 반죽을 찔 때 사용해요. 주로 대나무와 스테인리스 두 종
류를 사용합니다. 대나무 찜기는 수분 흡수력이 뛰어나 반죽의 점도가 일
정하다는 장점이 있지만, 반죽에 대나무 향이 배고 세척 관리가 힘들다는
단점이 있어요. 반면 스테인리스 찜기는 반죽의 종류와 물의 양에 따라 반
죽의 점도가 달라지지만, 관리가 쉽고 스팀이 단마다 고루 뿜어져 나와 대
용량 생산이 가능하다는 것이 장점이에요.

동냄비

네리키리 반죽과 양갱을 만들 때 사용해요. 동냄비의 특성상 장시간 고열
해도 내용물이 잘 눌어붙거나 타지 않아 화과자를 만들 때 주로 사용하는
도구예요. 동냄비가 없다면 두꺼운 냄비나 프라이팬으로 대체해주세요.

스테인리스 볼

다양한 재료를 소분 및 혼합할 때 사용하는 볼은 세척과 위생 관리가 편리
한 스테인리스 재질을 추천해요. 사용 빈도가 높아 다양한 크기로 구비하
는 것이 좋아요.

믹싱볼

소량의 재료를 소분하거나 조색할 때, 양갱과 같은 액체류에 색소를 넣어
섞을 때 사용해요. 흰색이라 내용물의 색을 정확하게 확인할 수 있어요.

자루 스테인리스 볼

갓 끓인 양갱처럼 뜨거운 액체류를 담을 때 사용해요. 긴 양갱틀에 두 가
지 색상을 동시에 부을 때도 유용해요. 위생적이고 관리가 편리해요.

스테인리스 양갱틀

양갱을 굳히는 틀이에요. 반원, 밤, 구름 등 다양한 모양이 있고, 고명을 나열하는 스타일의 디자인으로 양갱을 만들 때 주로 사용해요.

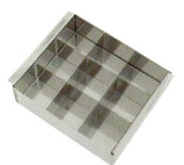

9구 스테인리스 양갱틀

4.5×4.5cm 크기의 양갱을 9개 만들 수 있는 틀이에요. 양갱 위에 각기 다른 고명을 올려 디자인하기 쉽고 양갱이 굳었을 때 쉽게 빼낼 수 있는 보조 판이 있어 편리해요.

실리콘 몰드

큐브, 보석 등 여러 모양으로 양갱을 굳힐 때 사용해요. 굳은 양갱을 빼내기 쉽고 세척 및 관리가 용이해요.

체(굵은체, 중간체, 가는체)

굵은체는 킨톤 종류의 화과자를 만들 때 사용해요. 망의 간격이 ±3mm인 제품이 좋아요. 중간체는 입자가 굵은 가루 재료나 치댄 반죽을 체에 곱게 내릴 때 사용해요. 망의 간격이 ±2mm인 제품이 좋아요. 가는체는 고명 반죽을 아래에서 위로 밀어 올려 꽃의 수술이나 토끼의 꼬리 등 섬세한 모양을 표현할 때 사용해요. 망의 간격이 ±1mm인 제품이 좋아요.

밀대

반죽을 일정한 두께로 얇게 펼 때 사용하는 도구예요. 나무 밀대보다 세척과 관리가 쉬운 PE 소재를 추천해요.

테플론시트

원래는 오븐 팬에 까는 용도지만, 책에서는 양갱을 얇게 펼쳐서 굳힐 때 사용해요. 코팅되어 있어 굳은 양갱이 쉽게 잘 떨어져요.

면보

찜기의 바닥에 깔아 재료가 찜기에 달라붙거나 찜솥으로 빠지는 것을 막고, 찜기 위에 덮어 뚜껑에 맺힌 물방울이 반죽으로 들어가지 않게 해주는 용도예요.

실크천

화과자 공예 중에 주름진 무늬를 자연스럽게 연출할 때 사용해요. 물기를 적신 다음 꼭 짜서 살짝 젖은 상태로 사용해요.

마지펜
화과자를 만들 때 섬세하고 다양하게 모양을 낼 수 있는 보조 도구예요. 여러 종류의 모양을 묶어서 판매하니 용도에 따라 필요한 도구를 자세히 살펴보고 구매해주세요.

고명틀
세밀한 무늬의 고명을 만들고 싶을 때 사용해요. 고명틀에도 붓으로 고체 기름을 살짝 바르면 찍어낸 반죽이 쉽게 떨어져요. 스테인리스나 PLA 소재를 많이 사용해요.

플런저커터
원래는 설탕 공예에서 사용하는 커터로, 화과자를 만들 때 특정한 고명의 디자인을 섬세하게 표현하고 싶을 때도 사용해요. 누르는 방식이라 찍고 빼내기 편리해요.

저울
재료의 무게를 그램 단위까지 정확하게 측정할 때 사용해요. 컵이나 그릇을 먼저 저울에 올려 무게를 확인한 다음에 재료를 넣으면 편하게 계량할 수 있어요. 2~5kg까지 측정되는 저울이 유용해요.

계량스푼
액체나 분말 형태의 제품을 소량 계량할 때 간편하게 사용할 수 있어요.

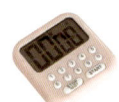

타이머
반죽을 찔 때 정확한 시간을 재기 위해 사용해요.

삼각봉
화과자 공예의 가장 기본 도구예요. 얇고 긴 삼각기둥 모양이며, 윗부분에는 꽃의 수술 모양처럼 오목하게 파인 홈이 있어요. 세 모서리는 각각 굵은 선, 얇은 선, 얇은 두 줄의 선으로 되어 있어요. 원하는 디자인에 따라 모서리를 바꾸어가며 사용해요.

원목 브러시
우이로 반죽이 달라붙거나 마르는 것을 방지하기 위해 옥수수 전분을 묻히고 나서 털어내는 용도로 사용해요. 털이 잘 빠지지 않는 제품으로 고르고, 사용한 뒤에는 깨끗이 세척해 물기를 완전히 말려주세요.

실리콘 붓

녹은 양갱을 묻혀 화과자 위에 바르는 용도로 사용해요. 붓에서 생기는 털과 같은 이물질을 방지하기 위해 실리콘 재질을 추천해요.

물감 붓

화과자 위에 나뭇가지 등 그림을 그리듯 색을 칠할 때 사용해요. 세밀한 작업을 위해 낮은 호수를 추천해요.

국자

소량의 양갱을 틀에 세밀하게 붓기 위해 사용해요. 최소한의 마찰을 위해 주둥이가 뾰족하게 나와 있는 국자를 추천해요.

팔레트 나이프

나이프 부분이 얇고 납작해 스테인리스 틀에 담긴 굳은 양갱을 상처 없이 빼내는 용도로 사용해요.

티스푼

화과자 공예 중 곡선 모양을 새길 때 사용해요. 곡선의 곡률과 크기에 따라 다양한 종류로 구비해두면 좋아요.

쪽가위

끝이 얇고 뾰족해 세밀한 가위 공예를 할 때 사용해요. 가위 날의 두께가 얇을수록 디자인을 정교하게 연출할 수 있어요.

이쑤시개

화과자에 깨를 붙일 때나 작은 구멍을 내줄 때 사용해요. 이쑤시개 여러 개를 뭉쳐 반죽을 찍으면 과일 표면과 비슷하게 울퉁불퉁한 연출을 할 수 있어요.

차선

화과자 공예에서 여러 간격과 방향으로 자연스러운 선을 연출할 때 사용하는 도구예요. 원래 말차를 격불하는 도구지만, 차선을 손으로 오므려 쥐고 눌러 선을 새기기에 좋은 도구예요.

꼬리빗

화과자 공예에서 일정한 간격의 줄무늬를 새길 때 사용해요(예: 바구니). 나무, 플라스틱 등 어느 소재를 사용하든 무방해요.

춘설앙금

멥쌀가루

찹쌀가루

백옥앙금

박력분

통팥앙금

한천가루

고운앙금

백설탕

재료 소개

화과자를 만들 때 사용하는 기본 재료들이에요. 어떤 재료가 어떻게 쓰이는지 미리 알면 화과자 만들기를 좀 더 쉽게 시작할 수 있어요. 제가 사용하는 브랜드명도 같이 써놨으니 참고하시면 실패율이 현저히 줄어들 거예요.

멥쌀가루/찹쌀가루 (햇쌀마루)
앙금과 더불어 화과자의 주성분인 재료예요. 기성품을 구매하면 따로 빻을 필요도 없고 상온 보관이 가능해 여러모로 편리하답니다.

박력분 (곰표)
단백질 함량이 낮은 밀가루의 한 종류예요.

한천가루 (이든한천)
우뭇가사리로 만드는 양갱의 주재료예요. 면과 가루 형태 중에 가루가 사용하기 더 편리해요. 어떤 브랜드의 한천을 쓰느냐에 따라 투명도가 달라질 수 있다는 점을 유의해주세요.

춘설앙금 57H/백옥앙금35M (대두식품)
두 앙금 모두 흰 강낭콩을 삶아 으깬 다음 당 처리를 한 백앙금이지만, 춘설은 질감이 되직하고 백옥은 묽고 부드러운 편입니다. 숫자는 당도를 나타내는 것으로, 저감미를 사면 덜 달아서 좋아요.

고운앙금S35M/통팥앙금S35M (대두식품)
두 앙금 모두 팥앙금이지만 고운앙금은 묽고 알갱이가 없는 반면에, 통팥앙금은 통팥 알갱이가 들어 있답니다.

백설탕
설탕은 당도, 보존 기간, 단단함 등 다양한 영향을 미치기 때문에 화과자에서 매우 중요한 재료랍니다.

물엿
화과자 반죽에 소량 넣어 수분이 밖으로 빠져나가지 않도록 도와주는 역할을 합니다.

색소 (월튼/셰프마스터)
액체 상태로 되어 있는 식용색소로, 적은 양만으로도 발색이 잘돼 화과자에 활용하기 좋아요.

레진 (내추럴 믹스)
복분자, 대추, 멜론, 포도 등 맛이 다양하고 향과 색이 가미되어 있어 양갱이나 앙금에 넣어 맛을 내기 편해요.

조림/배기류
밤 통조림, 팥배기, 완두배기 등 당 처리된 제품을 사면 물에 씻어 수분기만 빼고 양갱에 넣기에 편리하고, 화과자 데코용으로도 사용할 수 있답니다.

다양한 맛과 색의
앙금 만드는 법

앙금은 기본적인 춘설앙금을 그대로 사용해도 되지만, 원하는 맛이나 색상이 있다면 식용색소 혹은 말차, 흑임자, 단호박 등 천연가루, 꽃향기 오일 등 다양한 재료를 소량씩 섞어서 만들어도 좋아요. 내용물을 조절하면서 나만의 앙금을 만들어보세요!

[예시]

1. 춘설앙금 300g + 말차가루 10g + 팥배기

2. 춘설앙금 300g + 검은깨 페이스트 또는 흑임자가루 30g

3. 춘설앙금 300g + 크림치즈 120g + 호두 분태 + 감말랭이

4. 춘설앙금 300g + 코코아파우더 20g + 초코칩

5. 춘설앙금 300g + 피넛버터 40g + 땅콩

6. 춘설앙금 300g + 콩가루 30g + 아몬드 슬라이스

7. 춘설앙금 300g + 유자제스트 30g + 유자청 20g

8. 춘설앙금 300g + 커피가루 20g + 헤이즐넛

9. 춘설앙금 300g + 레몬제스트 30g + 레몬레진 10g

10. 춘설앙금 300g + 단호박레진 10g + 호박씨

Tip. 다양한 퓨레, 레진 등도 섞어서 만들 수 있지만 추가 재료에 수분이 너무 많을 때는 냄비에 살짝 볶아서 수분을 날린 다음 사용해주세요. 앙금이 너무 묽을 때는 손에 달라붙더라도 어느 정도 동그란 모양을 만들어 냉동실에 1시간 가량 놓아두면 반죽에 감싸기가 훨씬 수월해지니 참고해주세요. 또한 어떤 브랜드를 사용했느냐에 따라 맛의 깊이가 다를 수 있으므로 버무리면서 조금씩 맛을 보고 용량을 조절하는 걸 추천합니다.

─ 화과자 도구 및 재료 구매처 ─

오프라인 추천: 방산시장(을지로 4가)
- 대풍공업소 – 찜기, 냄비, 양갱틀 등 도구
- 용천상회 – 앙금, 쌀가루, 견과류 등 식재료
- 새로피엔엘 – 포장 및 화과자 케이스

갸또디솔레 네이버스토어
책에서 사용한 고명틀, 삼각봉, 화과자 전용 천 등

온라인 사이트 추천
- 베이킹맘(bakingmam.com)
- 참새방앗간(www.dduk21.com)
- 포장119(www.package119.com)

화과자 반죽의
모든 것

화과자에는 고나시, 네리키리, 우이로 등의 반죽과
투명양갱, 일반 양갱 같은 소재가 다양하게 쓰입니다.
이러한 반죽들은 미리 만들어 보관해두면
필요할 때마다 간편하게 꺼내서 사용할 수 있습니다.

고나시

고나시 반죽의 주재료는 춘설앙금이에요.

그래서 반죽을 완성하고 나면 춘설앙금 특유의 노란빛을 띠게 되죠.

이 책에서는 한 톤 밝은 느낌의 화과자를 만들기 위해

기본 고나시 반죽에 흰색 색소를 소량 첨가했어요.

재료

춘설앙금 500g, 멥쌀가루 28g, 찹쌀가루 8g, 박력분 17g, 설탕 30g, White 색소 약간

1 볼에 춘설앙금, 멥쌀가루, 찹쌀가루, 박력분을 모두 넣고 손으로 여러 번 치댄다.

2 엄지로 앙금 사이사이를 으깨면서 가루가 잘 섞이도록 한다.

3 가루가 보이지 않을 때까지 양손으로 골고루 주무른다.

4 반죽을 5~6개 덩어리로 나눈다.

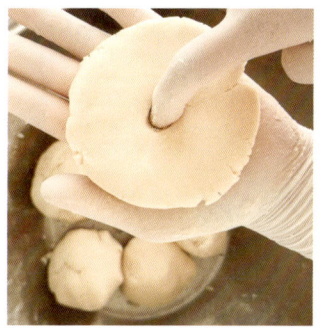

5 손바닥으로 반죽을 납작하게 누르고 가운데를 손가락으로 뚫어 도넛 모양을 만든다.

6 찜기에 면보 혹은 실리콘 매트를 깔고 반죽이 겹치지 않게 놓는다.

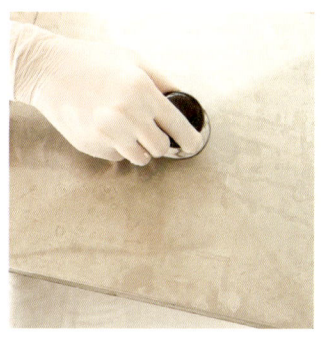

7 찜기에 면보를 덮고 그 위에 뚜껑을 덮은 다음 팔팔 끓는 물솥에서 50분간 찐다(50분간 끓을 만큼 물이 넉넉한지 틈틈이 체크한다).

8 찐 반죽을 볼에 옮겨 담고 설탕을 넣어 치댄다.

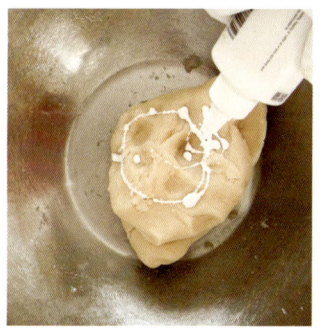

9 White 색소를 약간 넣고 한 번 더 치댄다.

10 설탕이 완전히 녹고 색소의 흔적이 보이지 않을 만큼 치댄 다음 비닐에 넣어 한 김 식혀 사용한다.

네리키리

네리키리 반죽의 주재료는 고나시 반죽에 사용한 것보다 묽은 농도의 백옥앙금이에요.
앙금을 30분가량 덖어서 수분을 날려야 하므로 다소 어려울 수 있지만,
인내심을 가지고 만들면 훨씬 부드럽고 고급스러운 풍미의 화과자가 만들어진답니다.
동냄비가 없으면 두꺼운 냄비나 팬으로 대체하세요.

재료
백옥앙금 700g, 규히 10g, 물엿 15g, 물 약간

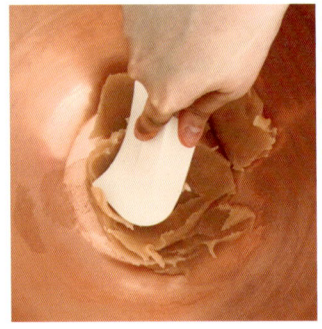

1 동냄비에 백옥앙금과 물을 1~2큰
술 넣고 바닥에 눌어붙지 않도록
주걱으로 고루 섞어가며 아주 약
한 불에서 3분 동안 덖는다.

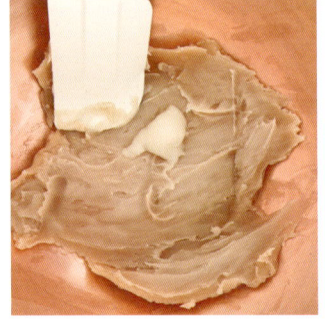

2 백옥앙금의 색이 전체적으로 하
얗게 올라오면 규히를 넣고 고루
섞은 다음 한 번 더 덖는다.

3 물엿을 넣고 고루 섞으면서 약한
불에서 수분을 날리며 볶는다(약
30분 소요).

4 저을 때 앙금이 무겁게 느껴지고
앙금을 깊게 꼬집었을 때 손에 묻
어나오지 않을 때까지 반복한다.

5 중간체에 덖은 반죽을 올리고 주 걱이나 손으로 문지르듯 누르며 내린다.

6 다 내린 반죽을 밝은 아이보리색 이 될 때까지 충분히 치댄다. 공 기가 섞일수록 색이 밝아진다.

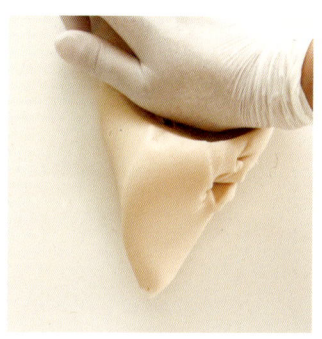

7 완성한 반죽을 면보나 비닐을 덮 어 한 김 식혀서 사용한다.

◆ **규히 간단 레시피** ◆

1 쌀가루 10g, 물 20g, 설탕 20g을 준비한다.

2 3가지 재료를 전자레인지용 그릇에 넣고 잘 섞은 다음 전 자레인지에서 30초 가열하고 다시 잘 섞는다.

3 ②를 다시 전자레인지에 넣어 30초 추가 가열한 다음 흘러 내리는 제형인 상태에서 네리 키리 반죽에 넣는다.

우이로

우이로는 화과자 특유의 쫀쫀하며 부드러운 식감을 내는 반죽으로,
쌀가루와 설탕, 물을 섞고 쪄서 만듭니다. 만들기도 쉽고 비치는 듯한
자연스러운 그러데이션을 표현할 수 있는 데다 특유의 반짝임이 매력적입니다.
얼려 먹을 때 특히 맛이 좋아 최근 인기가 급부상하고 있습니다.

재료
멥쌀가루 90g, 찹쌀가루 50g, 설탕 200g, 물 180g

1 뜨거운 물에 설탕을 녹인 다음 설
탕물을 식혀서 준비한다.
**Tip. 뜨겁지만 않으면 식힌 온도는 크
게 중요하지 않아요.**

2 볼에 멥쌀가루와 찹쌀가루, 설탕
물을 모두 넣고 휘퍼로 골고루 섞
는다.

3 가루가 보이지 않을 때까지 꼼꼼
히 계속 섞는다.

4 ③을 내열용기에 옮겨 담는다.
**Tip. 내열용기는 플라스틱, 스테인리
스, 유리 모두 가능해요.**

5 내열용기를 통째로 찜기에 넣고 25분간 찐다. 얇은 꼬챙이로 찔렀을 때 흰색 반죽이 묻으면 5분가량 더 찐다.

6 떡 비닐을 깔고 그 위에 식용유를 얇게 바른다.

7 찐 반죽을 비닐 위로 조심스럽게 옮긴다.
Tip. 반죽 위에 수분이 많을 경우 스크래퍼로 표면을 긁어 수분을 제거하고 꺼내주세요.

8 비닐로 반죽을 감싸면서 여러 번 치댄다.

9 반죽에 어느 정도 찰기가 생기면 매끄럽게 펴서 한 김 식힌 다음 사용한다.
Tip. 손에 고체기름 또는 쇼트닝을 발라서 작업하면 잘 달라붙지 않아 수월해요.

킨교쿠(투명양갱)

앙금 없이 양갱을 만들어 투명한 것을 킨교쿠라고 일컫습니다.
정확한 명칭은 킨교쿠칸이지만, 주로 짧게 킨교쿠라고 부릅니다.
우리나라 사람들이 선호하는 식감은 아니지만, 일본에서는 여름에 시원하고 가볍게
즐겨 먹는 디저트 중에 하나입니다. 투명하기 때문에 고명을 만들어 넣으면 잘 보여서
디자인하기에 좋습니다. 이 책에서는 투명양갱으로 부릅니다.

재료
물 200g, 한천가루 7g, 설탕 200g, 물엿 40g

1 한천을 30분 이상 물에 담가 불린다.

2 동냄비에 불린 한천을 옮겨 담고 가장자리에 거품이 생길 때까지 약불에서 끓인다.

3 한천이 다 녹으면 설탕을 넣어 설탕 알갱이가 보이지 않을 때까지 끓인다.

4 설탕이 다 녹으면 물엿을 넣고 골고루 젓다가 완전히 끓어오르면 불을 끈다.

5 거품이 다 떠오를 때까지 약 3분 가량 기다린다.

6 거품 막을 국자로 모두 떠내서 투명한 액체만 남긴다.

7 냄비 바닥이 다 보이는 깨끗한 상태가 되면 완성이다.

◆ **킨교쿠의 활용** ◆

1 끝이 둥근 마지펜으로 킨교쿠를 찍어서 똑똑 떨어뜨리면 다양한 사이즈의 이슬을 만들 수 있다.

2 굳은 킨교쿠를 깍둑썰기로 보석처럼 만들어 화과자 위에 데코할 수 있다.

요깡(양갱)

팥과 한천, 설탕만으로 완성되는 양갱은 화려하지 않지만 담백한 맛과 모양으로
오래도록 사랑받아온 전통 화과자입니다.
입에 넣는 순간 은은하게 퍼지는 단맛과 조용히 녹아내리는 식감이 매력적이죠.
한 조각에 계절의 정서가 담겨 찻잔 곁에 두었을 때 가장 잘 어울리는 디저트이기도 합니다.
정갈한 단맛을 원한다면, 양갱만큼 좋은 선택도 없습니다.

재료
물 400g, 한천가루 14g, 백옥앙금 500g, 설탕 400g, 물엿 80g

1 한천을 30분 이상 물에 담가 불
린다.

2 동냄비에 불린 한천을 옮겨 담고
가장자리에 거품이 생길 때까지
약불에서 끓인다.

3 한천이 다 녹으면 설탕을 넣어 설
탕 알갱이가 보이지 않을 때까지
끓인다.

4 앙금을 넣어 덩어리가 없어질 때
까지 녹인다.
Tip. 팥양갱을 만들고 싶다면 고운 팥
앙금 500g으로 대체해주세요.

5 물엿을 넣고 골고루 젓는다.

6 양갱이 완전히 팔팔 끓어오르면 불을 끄고 식힌다.

Tip. 양갱은 투명양갱처럼 깔끔하게 거품을 걷어낼 필요는 없어요. 선호도 에 따라 살짝 건지는 것도 좋습니다.

* 양갱은 끓이다가 졸아들기도 하고, 거품을 걷다가 손실이 많아지기도 하기 때문에 항상 분량보다 넉넉하게 끓이는 것을 추천합니다. 남은 양갱은 냉동 보관한 다음 다시 녹여서 사용 가능합니다.

Spring

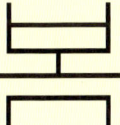

봄

알록달록한 화사함을 뽐내는 봄은
화과자로 표현할 수 있는 게 가장 많은 계절이기도 해요.
봄을 알리는 온갖 꽃과 빛나는 자연을 화과자로 만나보세요.

01
·
나뭇잎 말이

연둣빛 잎이 달콤한 팥앙금을 살포시 감싼 독특한 모양의 화과자예요.
색색의 꽃 장식이 더해져 싱그러운 느낌이 한층 살아났어요.

나뭇잎 말이

재료 고나시 또는 네리키리 반죽 40g, 통팥앙금 30g
색소 – Moss Green, Pink, Lemon Yellow

도구 밀대, 삼각봉, 나뭇잎 고명틀, 벚꽃잎 고명틀, 나비 고명틀, 끝이 뾰족한 마지펜

1 Moss Green 색소를 섞은 반죽 25g과
기본 반죽 15g을 양손으로 둥글린다.

2 ①을 양 손바닥으로 지그시 누르면서
그러데이션 한다.

3 밀대를 이용해 반죽을 2mm 두께로
균일하게 민다.

4 나뭇잎 모양의 커터 또는 칼로 잘라 나
뭇잎 모양을 낸다.

5 ④에 통팥앙금 30g을 올리고 감싼다.

Tip. 볼륨감이 있어야 예쁘게 나오므로 누르지 않고 덮는 느낌으로 감싸주세요.

6 삼각봉의 뾰족한 부분으로 반죽 가운데에 두껍게 홈을 내고 주변으로 잎맥을 만든다.

7 **고명 만들기** Pink 색소를 섞은 반죽을 1mm 두께로 얇게 편 다음 벚꽃잎 모양 고명틀로 찍어낸다.

8 Lemon Yellow 색소를 섞은 반죽 역시 1mm 두께로 얇게 편 다음 나비 모양 고명틀로 찍어낸다.

9 나뭇잎 반죽 위에 꽃 고명을 올리고 끝이 뾰족한 마지펜으로 가운데를 찔러서 모양을 내며 고정시킨다.

02

파스텔 화분

작은 바구니 모양 화분에 오밀조밀한 꽃송이들이 피어났어요.
빗을 사용해 바구니에 무늬를 만들어 디테일을 살린 것이 특징이에요.

파스텔 화분

재료 고나시 또는 네리키리 반죽 25g, 춘설앙금 20g,
색소 - Lemon Yellow, Mint Green, Pink, Violet

도구 끝이 동그란 마지펜, 꼬리빗, 가는체, 새 고명틀

1 Lemon Yellow 색소를 섞은 반죽 25g
을 양손으로 둥글린 다음 손바닥으로
눌러 2mm 두께로 납작하게 편다.

2 20g의 춘설앙금을 반죽 위에 올려 감
싼다.

3 반죽의 이음새 부분은 꼬집어 붙인 다
음 양손으로 둥글려 매끈하게 만든다.

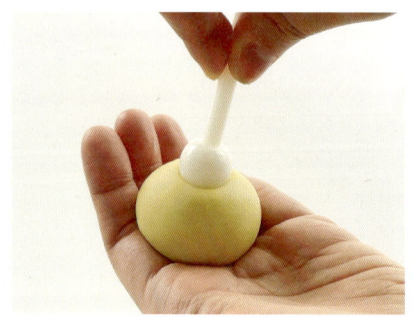

4 끝이 굵고 동그란 마지펜으로 ③의 가
운데를 꾹 눌렀다가 떼서 깊게 구멍을
만든다.

5 구멍 둘레를 엄지와 검지로 꼬집듯 얇게 집어 항아리 모양을 만든다.

6 꼬리빗을 사용해 반죽 바깥에 바구니 무늬를 만든다.
Tip. 일정하게 누르기보다는 빗의 앞부분에 힘을 더 주면 빗금이 잘 생깁니다.

7 고명 만들기 Mint Green 색소, Pink 색소, Violet 색소를 섞은 반죽을 소량 만들어 양손으로 둥글린다.

8 ⑦을 체의 아래에서 위로 밀어 올린다.

9 젓가락으로 ⑧의 고명을 조금씩 덜어 반죽 구멍 위에 올려 장식한다.

10 Neon Green 색소를 섞은 반죽을 소량 만들어 새 모양 고명틀로 찍어내고 바구니 위에 올려 장식한다.

03

개나리 나무

맑고 푸른 봄 하늘 아래 노랗게 핀 개나리 가지,
봄의 풍경을 그대로 담은 화과자예요.
노란 꽃잎 하나하나가 따뜻한 인사를 전하듯 소담하게 담겨 있어요.

개나리 나무

재료 고나시 또는 네리키리 반죽 25g, 춘설앙금 20g,
색소 - Teal Green, Brown, Lemon Yellow

도구 끝이 뾰족한 마지펜, 얇은 붓, 개나리 고명틀

1 Teal Green 색소를 섞은 반죽 10g과
기본 반죽 15g을 양손으로 둥글린다.

2 두 반죽을 손바닥 위에 나란히 올리고
손바닥으로 눌러 2mm 두께로 얇게
편 다음 하늘빛에서 흰빛으로 이어지
도록 그러데이션 한다.

3 반죽을 뒤집어 그 위에 춘설앙금 20g
을 올리고 감싼다.

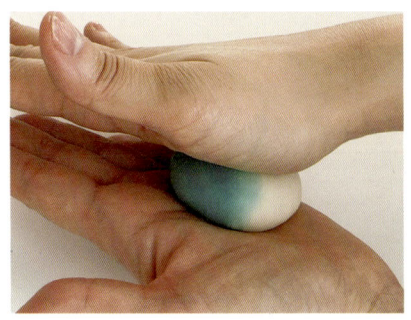

4 반죽의 이음새 부분을 꼬집어 붙인 다
음 양손으로 둥글려 매끈하게 만들고
손바닥으로 살짝 눌러 윗부분을 평평
하게 만든다.

5 반죽의 가장자리를 양 손바닥으로 비스듬히 밀어 역삼각형 모양을 만든다.

6 얇은 붓에 Brown 색소를 묻혀서 반죽 위에 나뭇가지를 그린다.

Tip. 물을 섞으면 번지기 쉬우므로 색소만 소량 묻혀서 그려주세요.

7 **고명 만들기** Lemon Yellow 색소를 넣은 반죽 소량과 기본 반죽 소량을 섞어서 1mm 두께로 얇게 편다.

8 노란색 부분과 흰색이 섞인 부분을 개나리 모양 고명틀로 여러 번 찍어낸다.

9 꽃 고명을 나뭇가지 위에 올리고 끝이 동그란 마지펜으로 가운데를 눌러 꽃에 입체감을 주며 고정한다.

04
·
수선화

노란 수술을 품은 순백의 꽃잎, 초봄을 알리는 수선화 화과자예요.
정갈한 꽃 옆에 초록 잎 한 장을 붙여 생기를 더해줬어요.

수선화

재료 고나시 또는 네리키리 25g, 춘설앙금 20g
색소 - Golden Yellow, Moss Green, Georgia Peach

도구 삼각봉, 끝이 둥근 마지펜, 끝이 역삼각형인 마지펜, 칼 모양 마지펜

1 기본 반죽 25g을 양손으로 둥글린 다음 손바닥으로 눌러 2mm 두께로 얇게 편다.

2 춘설앙금 20g을 반죽 위에 올려 감싸고 이음새 부분을 꼬집어 붙인 다음 양손으로 둥글린다.

3 삼각봉으로 반죽의 가운데에 깊게 홈을 내고 가운데 선을 중심으로 X자 홈을 그어 6등분 무늬를 만든다.

4 반죽 각 면의 끝부분을 엄지와 검지로 다듬어서 다이아몬드 모양으로 잡아준다.

5 반죽의 윗부분을 끝이 크고 동그란 마지펜으로 각각 안쪽부터 바깥쪽으로 밀듯이 눌러 평평하게 만든다.

6 각 면의 끝부분을 엄지와 검지로 꼬집으면서 뾰족하게 만들어 꽃잎을 완성한다.

7 끝이 뾰족한 마지펜으로 꽃잎 안쪽에 약 1cm 길이로 칼집을 낸다.

8 **고명 만들기** Golden Yellow 색소를 넣은 반죽 소량을 둥글려 수선화 중간에 올리고 끝이 역삼각형 모양인 마지펜으로 꾹 눌러서 구멍을 만들고 고정한다.

9 Moss Green 색소를 섞은 반죽을 1mm 두께로 얇게 펴고 칼 모양 마지펜을 이용해 긴 잎사귀 모양으로 잘라 수선화 위에 올려 장식한다.

10 Georgia Peach 색소를 섞은 반죽 소량으로 수술을 만들어 구멍 안을 장식한다.

05

봄 시냇가

은은한 하늘빛 물결 위로 투명한 흐름이 겹겹이 퍼지는

봄 시냇가를 닮은 화과자예요.

투명양갱을 활용해 섬세한 자연의 물결을 표현했어요.

봄 시냇가

재료 고나시 또는 네리키리 반죽 25g, 춘설앙금 20g, 투명양갱 약간
색소 - Sky Blue, Pink

도구 면보, 고운체, 이쑤시개

1 Sky Blue 색소를 섞은 반죽 15g과 기본 반죽 10g을 양손으로 둥글린다.

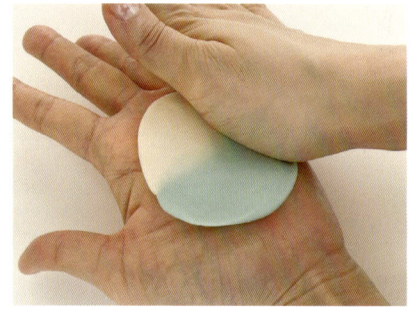

2 두 반죽을 손바닥 위에 나란히 놓고 2mm 두께로 얇게 펴면서 그러데이션 한다.

3 반죽 위에 춘설앙금 20g을 올리고 감싼다.

4 반죽의 이음새 부분을 꼬집어 붙이고 양손으로 둥글려 달걀 모양으로 매끄럽게 만든다.
Tip. 하늘색과 흰색의 비율을 2:1로 하면 더 자연스러워요.

5 ④를 면보로 감싸고 양끝을 가볍게 비틀면서 엄지로 꾹 눌러 주름을 만든다.

Tip. 주름이 잘 생기지 않는다고 힘을 많이 주지 말고 면보의 주름을 손으로 일일이 잡아준 다음 살짝 눌러주세요.

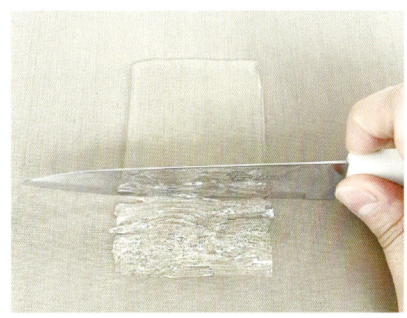

6 **고명 만들기** 투명양갱을 얇게 펴서 식힌 다음 칼로 얇게 여러 번 썬다.

7 얇게 썬 투명양갱을 ⑤ 위에 올려 시냇물이 흐르는 느낌을 표현한다.

8 Pink 색소를 진하게 섞은 반죽과 기본 반죽을 적당히 주물러 둥글린 다음 고운체의 아래에서 위로 통과시킨다.

9 ⑧을 이쑤시개로 조금씩 떠서 투명양갱 위에 3~4군데 올려 고정한다.

06
·
딸기

입안에 달콤하고 화사한 봄이 피어나는 듯한 딸기 모양의 화과자.
깨를 이용해 딸기 씨를 하나하나 심어줘서 생동감을 더욱 높였어요.

딸기

재료 고나시 또는 네리키리 또는 우이로 반죽 25g, 춘설앙금 20g, 참깨 약간
색소 - Red Red, Neon Green, Moss Green

도구 끝이 뾰족한 마지펜, 끝이 둥근 마지펜, 이쑤시개, 해바라기 플런저커터

1 Red Red 색소를 섞은 반죽 15g과 Neon Green을 연하게 섞은 반죽 10g 을 양손으로 둥글린다.

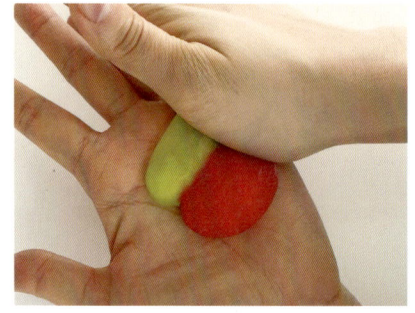

2 두 반죽을 손바닥 위에 올리고 2mm 두께로 얇게 펴면서 그러데이션 한다.

3 반죽 위에 춘설앙금 20g을 올리고 감 싼다.

4 반죽의 이음새 부분을 꼬집어 붙이고 손바닥으로 둥글린 다음 손날을 이용 해 역삼각형으로 딸기 모양을 잡는다.

5 반죽을 끝이 뾰족한 마지펜으로 여러 번 대각선으로 찔러 씨 모양을 낸다.

6 ⑤에서 생긴 구멍에 이쑤시개를 이용해 깨를 하나씩 박는다.

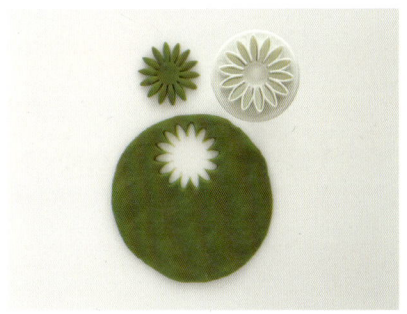

7 **고명 만들기** Moss Green 색소를 섞은 반죽을 1mm 두께로 얇게 펴고 해바라기 플런저커터로 찍어 꼭지를 만든다.

8 ⑦을 딸기의 윗부분에 붙이고 끝이 동그란 마지펜으로 중간을 눌러 고정시키면서 잎의 바깥쪽을 살짝 띄운다.

07

·

나비

노란 날개를 살포시 접은 나비 한 마리가 꽃 위에 앉은 듯한 자태예요.
금방이라도 날아오를 듯한 날개에 작은 점 3개를 포인트로 찍어줬어요.

나비

재료 우이로 반죽 30g, 춘설앙금 18g, 계핏가루 약간
색소 - Lemon Yellow

도구 밀대, 원형 스테인리스 틀(지름 8cm), 이쑤시개

1 Lemon Yellow 색소를 섞은 반죽 30g
을 양손으로 둥글린 다음 밀대를 이용
해 2mm 두께로 얇게 편다.

2 8cm 지름의 원형 스테인리스 틀로 반
죽을 자른다.

3 춘설앙금 18g을 물방울 모양으로 만
든다.

4 ②의 반죽 1/4 지점에 앙금을 올리고
반으로 접는다.

5 반죽을 한 번 더 비스듬히 접는다.

6 이쑤시개 끝에 계핏가루를 묻혀 날개
   에 점무늬를 찍고 반죽이 접히는 부분
   에 몸통을 그린다.
   Tip. 계핏가루가 없으면 Brown 색소를 묻혀서
   사용해도 좋아요.

08

·

병아리

동글동글 굴러갈 듯한 몸에 똘망똘망한 눈망울을 가진

갓 태어난 병아리 화과자예요.

삐죽 튀어나온 꼬리가 귀여움의 정점이에요.

병아리

재료 우이로 또는 네리키리 또는 고나시 반죽 20g, 춘설앙금 25g, 옥수수 전분 약간, 양갱 약간
색소 - Lemon Yellow, Brown, Golden Yellow

도구 두꺼운 붓, 이쑤시개 혹은 나무꼬치

1 Lemon Yellow 색소를 섞은 반죽 25g
을 양손으로 둥글린 다음 손바닥으로
눌러 2mm 두께로 얇게 펴고 그 위에
춘설앙금 20g을 넣어 감싼다.

2 반죽의 이음새 부분을 꼬집어 붙이고
양손으로 매끄럽게 둥글린 다음 두꺼
운 붓을 이용해 옥수수 전분을 골고루
묻힌다.

3 반죽의 중간 부분을 매만져 조롱박 모
양으로 만든다.

4 반죽의 윗부분을 엄지와 검지로 꼬집
어 뾰족하게 만든다.

5 Brown 색소를 섞은 양갱을 이쑤시개 소량에 묻혀 눈과 발을 그린다.

Tip. 짤주머니에 양갱을 넣고 짜주면 더 입체적으로 만들 수 있어요.

6 Golden Yellow 색소를 진하게 섞은 양갱을 이쑤시개에 묻혀 입을 표현한다.

09
·

벚꽃잎

봄바람에 살포시 떨어진 벚꽃잎 한 장을 화과자로 만들어봤어요.

노란 수술까지 정성스레 표현해 봄의 색을 그대로 녹여냈죠.

벚꽃잎

재료 고나시 또는 네리키리 반죽 25g, 춘설앙금 20g
색소 - Pink, Lemon Yellow

도구 삼각봉, 칼 모양 마지펜, 끝이 뾰족한 마지펜, 꽃잎 고명틀

1 Pink 색소를 섞은 반죽 13g과 기본 반죽 12g을 양손으로 둥글린 다음 기본 반죽을 2mm 두께로 납작하게 누르고 그 위에 핑크색 반죽을 올려 감싼다.

2 ①의 반죽을 여러 번 뭉쳐 잘 섞고 손바닥으로 눌러 2mm 두께로 얇게 편 다음 춘설앙금 20g을 올려 감싼다.

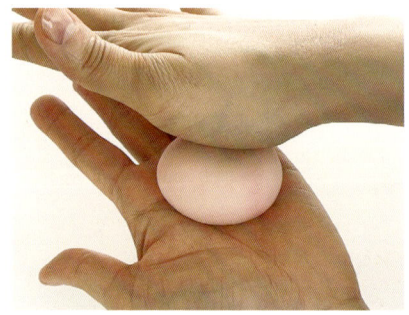

3 반죽의 이음새 부분을 꼬집어 붙이고 양손으로 매끄럽게 둥글린 다음 손바닥으로 살짝 눌러 타원형을 만든다.

4 반죽 아랫부분을 엄지와 검지로 꼬집듯이 빚어 뾰족하게 만든다.

5 삼각봉을 이용해 반죽의 뾰족한 부분에서부터 굴곡을 따라 가로질러 길게 홈을 낸다.

6 반 갈라진 반죽 양쪽 면의 윗부분을 삼각봉의 모서리로 각각 깊게 찍는다.

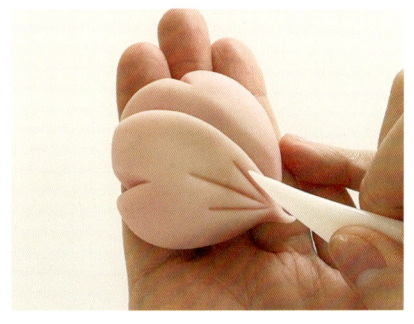

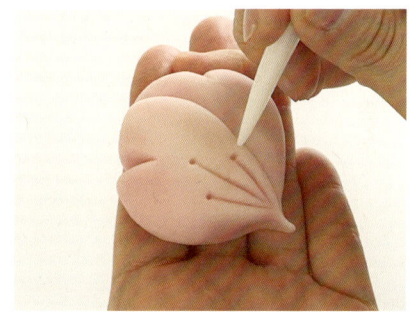

7 칼 모양의 마지펜으로 반죽 아랫부분의 한 면에 짧고 길고 짧은 선을 3개 긋는다.

8 끝이 뾰족한 마지펜으로 ⑦에서 그은 선 끝을 가볍게 눌러 구멍을 만든다.

9 **고명 만들기** Pink 색소를 진하게 섞은 반죽과 일반 반죽을 그러데이션 한 다음 1mm 두께로 납작하게 만들고 꽃잎 모양 고명틀로 찍는다.

10 Lemeon Yellow 색소를 섞은 반죽을 콩알만큼 둥글려 ⑧의 구멍에 넣고 벚꽃잎 고명은 살짝 구부려 화과자 위에 올려 고정한다.

10

·

핑크빛 큐브

분홍색 양갱 위에 딸기 다이스를 얹고 그 위로 투명양갱을 덮은

감각적인 양갱이에요.

붉은색 딸기가 루비처럼 보여 보석함을 연상케 해요.

핑크빛 큐브(15개 분량) Spring

재료 백앙금 양갱 400g, 투명양갱 150g, 딸기 다이스 약간, 딸기 레진 약간
색소 - White

도구 실리콘 큐브 양갱틀

1 끓인 양갱에 White 색소를 소량 넣고 섞음 다음 딸기레진도 소량 넣어 핑크 색을 만든다.
Tip. 딸기레진을 많이 넣으면 빨갛게 되니 주의해주세요.

2 실리콘 큐브 양갱틀에 ①을 2/3 높이 까지 붓는다.

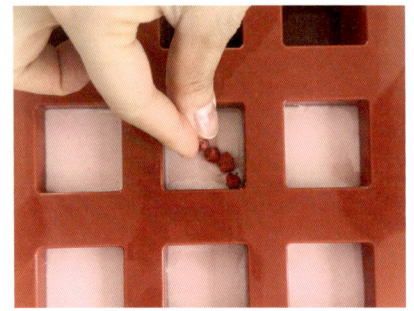

3 양갱에 얇은 막이 생기면 딸기 다이스 를 사선으로 하나씩 올린다.

4 투명양갱을 틀 끝까지 붓는다.
Tip. 투명양갱이 너무 뜨거울 때 부으면 다이스 가 뜰 수 있으므로 약간 식힌 다음 액체에 무게 감이 생기면 부어주세요. 그래도 다이스가 뜨면 젓가락 등으로 눌러주세요.

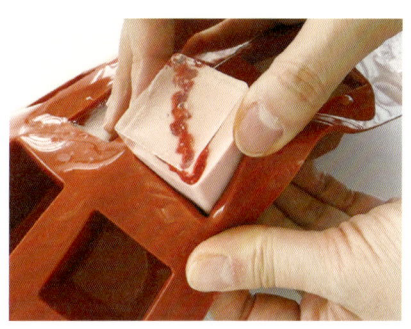

5 양갱이 굳으면 틀의 아랫부분을 눌러
양갱을 뺀다.

Tip. 양갱이 팔팔 끓자마자 부으면 표면에 기포
가 많이 생기고 굳은 후에도 물기가 많이 생기므
로 한 김 식힌 다음 부어주세요.

11

·

하늘하늘 벚꽃 양갱

보라색과 노란색이 어울린 투명한 물속에 피어난 한 송이 벚꽃.

실제 벚꽃 잎으로 만든 절임을 활용해

양갱 속 흩날리는 벚꽃을 표현했어요.

하늘하늘 벚꽃 양갱(8개 분량)

재료 투명양갱 150g, 양갱 250g, 벚꽃 절임 8개
색소 - White, Lemon Yellow, Violet

도구 반원형 스테인리스 양갱틀, 이쑤시개, 팔레트 나이프

1 벚꽃 절임은 물에 담가 소금기를 뺀다.

2 투명양갱을 끓여서 긴 반원형 스테인
리스 양갱틀에 1/3 높이까지 붓고 굳
기 전에 벚꽃 8개를 일정한 간격으로
넣는다.
Tip. 꽃이 뭉쳐 있으면 이쑤시개로 펼쳐주세요.

3 양갱을 끓여 볼 2개에 반씩 나눠 담은
다음 White 색소를 각각 섞는다.

4 흰색이 어느 정도 퍼지면 한쪽에는
Lemon Yellow 색소를, 다른 한쪽에는
Violet 색소를 섞는다.

5 ②의 스테인리스 틀에 ④가 반씩 들어
가도록 천천히 붓는다.
**Tip. 투명양갱에 표면 막이 형성되어 완전히 굳
기 전의 상태인지 확인한 다음 붓는다.**

6 양갱이 충분히 굳으면 팔레트 나이프
를 이용해 가장자리를 분리하고 틀에
서 빼낸다.

7 양갱 하나에 벚꽃이 하나씩 들어가도
록 일정한 길이로 자른다.

12

·

벚꽃 축제 양갱

생동하는 봄의 초록 속에 벚꽃 잎이 활짝 피어났어요.
투명한 양갱 안에 꽃잎이 떠 있는 모습이
마치 작은 정원을 그대로 옮긴 것 같아요.

벚꽃 축제 양갱(8개 분량)

재료 투명양갱 150g, 양갱 250g
색소 - Pink, Mint Green

도구 꽃잎 고명틀, 반원형 스테인리스 양갱틀, 끝이 둥근 마지펜, 팔레트 나이프

1 Pink 색소를 섞은 반죽과 기본 반죽을 양손으로 둥글린 다음 두 반죽을 섞어 2mm 두께로 납작하게 누른 상태에서 꽃잎 모양 고명틀로 찍어낸다.
Tip. 다양한 크기의 틀을 사용해야 완성도가 높아져요.

2 투명양갱을 끓여서 긴 타원형 스테인리스 양갱틀에 1/3 높이까지 붓고 벚꽃 고명을 투명양갱 안으로 넣는다.
Tip. 색이 예쁜 쪽을 바닥으로 위치시켜야 완성됐을 때 더 예뻐요.

3 끝이 둥근 마지펜이나 젓가락 등으로 눌러서 고명마다 높낮이 차이를 준다.

4 양갱을 끓이고 소량의 Mint Green 색소를 넣어 섞는다.

5 색이 잘 섞이면 ③의 투명양갱 위에 붓
는다.

6 양갱이 굳으면 팔레트 나이프로 가장
자리를 분리해 빼낸다.

7 꺼낸 양갱을 약 4cm 간격으로 일정하
게 자른다.

Summer

·

여름

싱그러움이 가득한 여름은 청량감을 드러낼 수 있는 화과자 소재가 많아요.
수박, 매실과 같은 여름 과일부터 별이 가득한 여름밤까지
시원함을 선사하는 화과자를 만나보세요.

01
.
수박

짙은 초록 껍질과 선홍빛 속살, 검은 깨로 씨까지
디테일하게 표현한 수박 화과자예요.
누구에게나 사랑받는 여름의 대표 과일이죠.

수박

재료 네리키리 또는 고나시 반죽 25g, 춘설앙금 20g, 검은깨 약간
색소 - Red Red, Moss Green

도구 면보, 이쑤시개

1 Red Red 색소를 섞은 반죽 15g과 Moss Green 색소를 섞은 반죽 10g을 각각 양손으로 둥글린다.

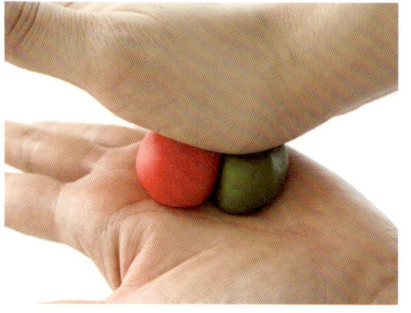

2 ①을 손바닥 위에 나란히 올리고 반대 편 손바닥으로 누른다.

3 반죽을 2mm 두께로 얇게 편 다음 엄지로 경계선을 일정하게 맞물린다.

4 반죽에 춘설앙금 20g을 넣고 감싼 다음 이음새 부분을 꼬집어 붙이고 양손으로 둥글린다.

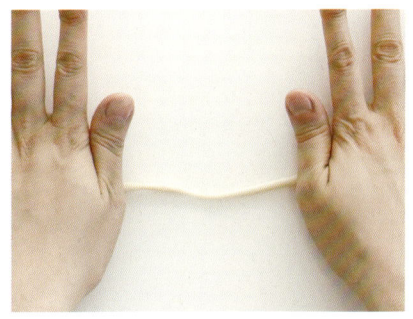

5 기본 반죽 소량을 손바닥으로 밀어 가늘고 길게 만든다.

6 ④의 반죽에서 두 색의 경계 부분에 ⑤를 둘러 붙인다.

7 빨간 부분을 손으로 뾰족하게 모아 원뿔 모양을 만든다.

8 반죽을 젖은 면보로 감싼 다음 수박 윗면으로 주름을 모아 검지와 중지를 사용해 꾹 눌러서 주름을 잡는다.

9 이쑤시개를 이용해 검은깨를 빨간 부분에 3개 붙여 수박씨를 만든다.

02

장미

손안에 풍성하고 싱그러운 화과자 장미꽃이 피어났어요.
꽃잎을 만들 때는 각도를 잘 생각해서 모양을 잡아야
자연스러운 느낌을 줄 수 있어요.

장미

재료 네리키리 반죽 25g, 춘설앙금 20g
색소 - Pink, Moss Green

도구 아이스크림 스푼, 나뭇잎 고명틀

1 Pink 색소를 섞은 반죽 13g과 기본 반죽 12g을 각각 양손으로 둥글린다.

2 기본 반죽을 2mm 두께로 얇게 편 다음 핑크색 반죽을 넣어 감싼다.

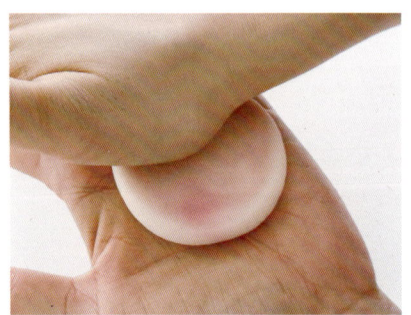

3 반죽의 이음새 부분을 꼬집어 붙이고 양손으로 둥글린 다음 납작하게 만든다.

4 ③ 안에 춘설앙금 20g을 넣고 감싼다.

5 ④의 이음새 부분을 꼬집어 붙이고 반죽을 양손으로 둥글린 다음 접합 부분이 아래로 오게 한다.

6 아이스크림 스푼을 뒤집어 반죽에 꽂고 위쪽으로 튕기듯 파면서 무늬를 낸다.
Tip. 튕길 때 각도가 기울어야 안쪽이 잘 보이면서 꽃잎이 핀 듯한 느낌을 줄 수 있어요.

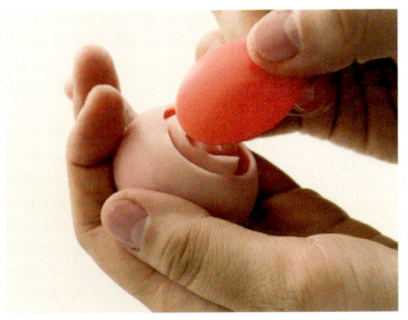

7 안쪽에서 바깥쪽으로 무늬 크기를 점점 크게 만든다.
Tip. 티스푼, 계량스푼 등 집에 있는 다양한 도구로 시도해보고 꽃잎 모양이 제일 예쁜 스푼을 이용해주세요.

8 **고명 만들기** Moss green 색소를 넣어 그러데이션 한 반죽을 나뭇잎 모양 고명틀로 찍어낸다.

9 나뭇잎 고명을 장미꽃에 붙인다.

03

·

연꽃

큰 연잎 위에 살포시 올라간 작은 연잎과 연꽃 봉오리,

연두색의 그러데이션과 섬세한 잎맥이 특징으로,

잔잔한 물가를 닮은 듯한 화과자예요.

연꽃

재료 네리키리 반죽 25g, 춘설앙금 20g
색소 - Moss Green, Pink

도구 삼각봉, 끝이 뾰족한 마지펜, 칼 모양 마지펜

1 Moss Green 색소를 섞은 반죽 13g과 기본 반죽 12g을 각각 양손으로 둥글린다.

2 기본 반죽을 2mm 두께로 납작하게 편 다음 녹색 반죽을 넣어 감싼다.

3 반죽의 이음새 부분을 꼬집어 붙이고 양손으로 둥글린 다음 납작하게 만든다.

4 2mm 두께로 납작하게 편 반죽에 춘설앙금 20g을 넣고 감싼다.

5 ④의 이음새 부분을 꼬집어 붙이고 양
손으로 둥글린 다음 손바닥으로 눌러
둥글납작하게 만든다.

6 삼각봉 모서리로 반죽 아랫부분에서부
터 가볍게 누르면서 올라와 반죽 높이
의 4/5 정도까지 깊게 선을 만든다.

7 반죽의 윗부분 가장자리를 엄지와 검
지로 꼬집으며 바깥쪽으로 올라오도
록 만든다.

8 끝이 뾰족한 마지펜을 이용해 연꽃의
잎맥을 긋는다.

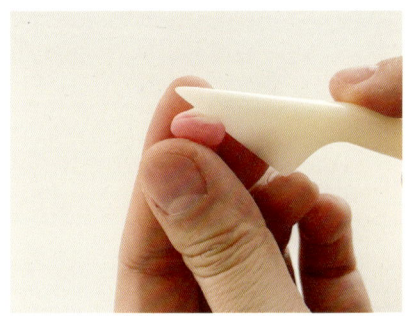

9 **고명 만들기** Moss Green 색소를 섞은
반죽으로 작은 연꽃잎을, Pink 색소를
섞은 반죽으로 연꽃 봉오리를 만든다.
Tip. 이때 칼 모양 마지펜으로 세로로 무늬를 내
주세요.

10 ⑧의 반죽 위에 작은 연꽃잎과 연꽃
봉오리를 순서대로 올린다.

04

·

부채

섬세한 부챗살과 꽃 장식이 포인트인 화과자예요.

은은한 민트색 부채에 내려앉은 보랏빛 꽃송이가 시원한 여름 바람처럼

무더위를 식혀주는 것 같아요.

부채

재료 네리키리 또는 고나시 반죽 25g, 춘설앙금 20g
색소 - Sky Blue, Pink, Violet, Neon Purple

도구 꽃 고명틀, 끝이 뾰족한 마지펜, 칼 모양 마지펜, 이쑤시개

1 Sky Blue 색소를 섞은 반죽 23g을 양
손으로 둥글린다.

2 반죽을 2mm 두께로 납작하게 펴고
그 위에 춘설앙금 20g을 넣어 감싼다.

3 반죽의 이음새 부분을 꼬집어 붙이고
양손으로 둥글린 다음 반죽 끝부분에
기본 반죽 2g을 반구 모양으로 만들어
붙인다.

4 두 반죽이 경계가 뚜렷한 상태로 잘 붙
도록 엄지로 꾹꾹 누른다.

5 칼 모양의 마지펜으로 흰 반죽에 12개
의 금을 긋는다.

Tip. 선이 모두 끝의 한곳으로 모이도록 신경 써
주세요.

6 선이 모이는 부분에 이쑤시개를 꽂아
서 부채 대를 표현한다.

7 **고명 만들기** Pink, Violet, Neon Purple
색소를 섞은 반죽을 납작하게 펼쳐 꽃
모양 스테인리스 고명틀로 나팔꽃을
찍어낸다.

8 ⑥ 위에 꽃을 얹고 끝이 뾰족한 마지펜
으로 눌러 고정한다.

05
·
매실

여름의 음료라고 하면 단연 푸른 싱그러움을 간직한 매실차겠죠?

색깔에서부터 시큼한 향이 느껴질 듯한 초여름의 대표 과일,

매실 화과자를 만들었어요.

매실

재료 우이로 반죽 23g, 춘설앙금 20g
색소 - Moss Green, Lemon Yellow

도구 칼 모양 마지펜

1 Moss Green 색소를 섞은 반죽 20g과 Lemon Yellow를 섞은 반죽 3g을 각각 양손으로 둥글린다.

2 녹색 반죽 가운데를 엄지로 눌러서 얇게 편다.

3 ②에 노란색 반죽을 덧대고 얇게 펴서 누른다.

4 반죽에 춘설앙금 20g을 올려 감싼다.

5 반죽의 이음새 부분을 꼬집어 붙이고 양손으로 둥글린다.

6 칼 모양의 마지펜으로 반죽의 정중앙에 깊게 선을 긋는다.

Tip. 여러 번 왔다 갔다 해야 볼륨감이 살아나요.

7 선이 끝나는 지점을 엄지와 검지로 꼬집어 뾰족하게 만든다.

8 선의 아랫부분에 손가락으로 작게 구멍을 뚫는다.

9 Brown 색소를 섞은 반죽 소량을 얇게 밀어 꼭지를 만들고 ⑧의 구멍 안쪽에 붙인다.

06

어항

맑은 유리 어항 속을 헤엄치는 붉은 금붕어,

그리고 고요하게 흔들리는 수초를 표현했어요.

반죽에 흑임자가루를 넣으면 자연스러운 돌무늬가 완성돼요.

어항

재료 우이로 또는 고나시 또는 네리키리 반죽 20g, 춘설앙금 18g, 투명양갱 약간, 흑임자가루 약간
색소 - Red Red, Pink, Moss Green, Teal Green

도구 물고기 고명틀, 칼 모양 마지펜

1 **고명 만들기** Red Red, Pink, Moss Green 색소를 진하게 섞은 반죽과 기본 반죽을 소량 만들어 둥글린다.

Tip. 고명을 미리 찍어 준비해두어야 투명양갱이 굳기 전에 넣기 수월해요.

2 빨간색과 분홍색 반죽은 기본 반죽과 함께 그러데이션 한 다음 납작하게 눌러 물고기 모양 고명틀로 찍어내고, 초록색 반죽은 칼 모양 마지펜으로 잘라 해초를 만든다.

3 기본 반죽 20g에 흑임자가루 1/2작은술을 섞는다.

4 흑임자가루가 골고루 퍼지도록 반죽을 손으로 여러 번 치댄다.

5 반죽을 납작하게 펴서 춘설앙금 18g을
올리고 감싼다.

6 반죽의 이음새 부분을 꼬집어 붙인 다
음 양손으로 둥글려 매끄럽게 만든다.

7 반죽의 중간에 검지로 깊게 구멍을 만
들어 항아리 모양으로 빚는다.

8 투명양갱을 끓이고 Teal Green 색소
를 소량 섞는다.

Tip. 색소를 많이 넣으면 투명도가 떨어져 내용
물이 잘 안 보이므로 아주 소량만 넣어주세요.

9 끓인 투명양갱을 ⑤의 구멍에 붓는다.

10 투명양갱이 굳기 전에 해초와 물고기
고명을 넣고 굳힌다.

07
·
파인애플

파인애플의 울퉁불퉁한 표면을 정교하게 표현한 파인애플 화과자예요.

윗부분에 줄기를 겹겹이 더해 입체적인 생생함을 살리고

격자무늬의 디테일로 상큼함을 더했어요.

파인애플

재료 네리키리 또는 고나시 반죽 23g, 춘설앙금 20g
색소 - Golden Yellow, Moss Green

도구 삼각봉, 밀대, 별 고명틀

1 Golden Yellow 색소를 섞은 반죽 20g
과 Moss Green 색소를 섞은 반죽 3g
을 양손으로 둥글린다.

2 노란색 반죽을 납작하게 누르고 그 위
에 녹색 반죽을 덧댄다.

3 ②의 반죽을 납작하게 누르고 춘설앙
금 20g을 올려 감싼다.

4 반죽의 이음새 부분을 꼬집어 붙인 다
음 양손으로 둥글리며 달걀 모양으로
만든다.

5 삼각봉을 이용해 반죽 위에 가로로 4
번, 세로로 4번 깊게 선을 긋는다.

6 ⑤에서 나뉜 반죽을 한 조각씩 엄지와
검지로 꼬집어 뾰족하게 만든다.

7 고명 만들기 Moss Green 색소를 진하
게 섞은 반죽을 밀대로 1mm 두께로
밀고 별 모양 고명틀로 여러 장 찍는다.

8 파인애플 몸통 위에 별 모양 고명을 겹
겹이 쌓아 올려 꼭지를 만든다.

08
·
코하쿠토

우리나라에서도 한동안 크게 인기를 끈 일본의 전통 과자 코하쿠토예요.

겉은 바삭하고 속은 말랑한 기분 좋은 식감과

보석처럼 반짝이는 모습이 매력적이죠.

코하쿠토

재료 투명양갱 200g(사각 스테인리스 틀 기준)
색소 - 원하는 색상으로 다양하게 준비

도구 납작한 스테인리스 틀, 고명틀(취향에 따라 여러 개), 이쑤시개

1 투명양갱을 끓여서 넓고 납작한 스테인리스 틀에 붓는다.

2 이쑤시개 끝에 여러 가지 색소 혹은 레진을 조금씩 묻혀 투명양갱에 넣고 휘젓는다.
Tip. 100% 섞이지 않아도 자연스럽게 그러데이션 돼요.

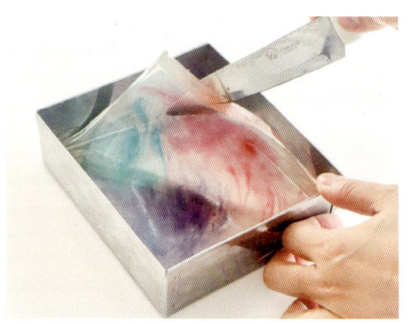

3 틀을 냉장고에 넣고 완벽하게 굳을 때까지 약 30분가량 넣어두었다가 칼을 이용해 틀에서 조심스럽게 빼낸다.

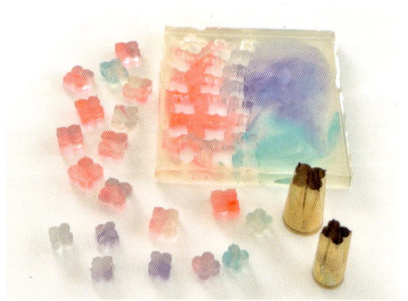

4 원하는 모양의 고명틀로 투명양갱을 찍어낸다.
Tip. 고명틀이 없을 경우 칼로 보석 모양으로 잘라주세요.

5 상온에서 3~5일 말린다. 바닥에 붙은
부분은 잘 마르지 않으므로 중간에 뒤
집는다.

Tip. 온도, 코하쿠토의 두께 등에 따라 시간이
달라지므로 중간중간 상태를 확인해주세요.

6 건조기 사용 시 70도로 12시간가량 말
린다. 밑바닥에 테플론시트를 깔아야
떼기 수월하다.

7 겉은 바삭바삭하고 안은 촉촉해지면
완성이며, 병에 담아 선물하면 좋다.

09
·

레몬 양갱

상큼한 레몬 즙을 투명양갱과 섞은 다음

말린 레몬 껍질 속에 가득 채워 만든 레몬 양갱이에요.

레몬의 진한 향과 달콤한 앙금이 어우러져 오감이 상쾌해져요.

레몬 양갱

재료 레몬 1개, 투명양갱 200g

도구 계량스푼, 고운체

1 레몬을 반으로 잘라서 계량스푼으로
   과육을 파낸다.

2 파낸 과육은 고운체로 걸러 껍질은 제
   거하고 즙만 남긴다.

3 투명양갱을 끓인 다음 불을 끄고 레몬
   즙 15cc를 넣고 섞는다.

4 레몬 껍질 안에 ③을 가득 붓고 냉장고
   에 30분가량 넣어 차갑게 식힌다.

5 양갱이 완전히 굳으면 칼로 원하는 크
기대로 양갱을 자른다.

10

·

수국 정원

얇고 투명한 양갱이 부드러운 팥앙금을 감싸 안은,
수국 정원에서 모티프를 따온 우아한 느낌의 화과자예요.
형형색색의 수국 잎이 맑은 유리 정원 안에 펼쳐져 있어요.

수국 정원(3~4개 분량)

재료 투명양갱 100g, 통팥앙금 30g
색소 - Sky Blue, Violet, Bright Purple

도구 사각 스테인리스 양갱틀, 꽃 고명틀, 나무 막대기

1 Sky Blue, Violet, Bright Purple 색소를 섞은 반죽과 일반 반죽을 양손으로 둥글린다.

2 ①의 반죽 4개를 바닥에 두고 2mm 두께로 납작하게 눌러 자연스럽게 그러데이션 하고 꽃 모양 고명틀로 찍어낸다.

3 사각 스테인리스 양갱틀에 투명양갱을 2mm 높이로 천천히 붓는다.

4 ②의 꽃 고명을 투명양갱 위에 띄엄띄엄 배치하고 나무 막대기로 살짝 눌러 투명양갱 안쪽에 들어가도록 한다.
Tip. 밑바닥까지 많이 누르면 투명양갱과 떨어져서 나중에 틀에서 뺄 때 분리될 수 있어요.

5 투명양갱이 완전히 굳으면 양갱틀에서 천천히 떼어낸다.

6 투명양갱을 4×8cm 크기로 길게 3등 분한다.

7 통팥앙금 30g을 양손으로 굴려 타원 형으로 만들고 잘라둔 투명양갱으로 감싼다.

8 꽃 고명이 없는 부분을 잘라 깔끔하게 완성한다.

11

·

수국 축제

에메랄드빛 젤리 속에 알록달록한 수국 조각이 흩뿌려진 모습이

마치 수국 축제를 연상시키는 듯한 양갱이에요.

시원하면서도 화려한 색감이 특징적이죠.

수국 축제(8개 분량)

재료 양갱 150g, 투명양갱 300g
색소 - White, Pink, Violet, Purple, Teal Green

도구 낮은 사각 스테인리스 틀, 반원형 스테인리스 양갱틀, 젓가락

1 양갱을 끓여 컵에 옮겨 담고 White 색
소를 넣어 섞는다.

2 ①의 양갱을 낮은 사각 스테인리스 틀
에 0.5cm 높이로 붓는다.

3 ②에 Pink, Violet, Purple 등 여러 가
지 색소를 섞고 실온에 두어 굳힌다.

4 반죽이 완전히 굳으면 찢어지지 않게
조심하면서 틀에서 분리한다.

5 분리한 반죽은 0.5×0.5cm 크기로 깍
둑썰기한다.

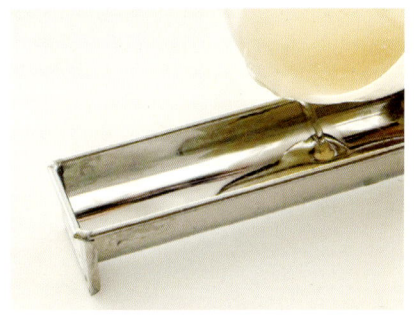

6 투명양갱을 끓여서 반원형 스테인리스
양갱틀에 절반 높이까지 붓는다.

7 ⑤를 젓가락으로 집어 틀에 담긴 투명
양갱 안에 하나씩 넣고 눌러 높낮이 차
이를 준다.
Tip. 투명양갱이 굳기 전에 빠르게 넣어주세요.

8 투명양갱에 Teal Green 색소를 소량
넣어 섞는다.

9 ⑧에 초록색 투명양갱을 틀이 꽉 찰 때
까지 천천히 붓는다.

10 스테인리스 틀을 냉장고에 넣어 양
갱을 완전히 굳힌 다음 틀에서 꺼내
4cm 길이로 자른다.

12

·

여름 밤하늘 양갱

짙은 남보라빛 밤하늘 속에 금박을 흩뿌려 별빛을 표현한 양갱이에요.

고요한 여름밤의 은은한 반짝임을 달콤한 한입에 담아냈어요.

여름밤하늘 양갱(8개 분량)

재료 투명양갱 200g, 통팥양갱 200g, 금박 약간
색소 - Navy, Sky Blue, Violet

도구 사각 스테인리스 양갱틀, 핸드폰 거치대, 이쑤시개

1 투명양갱을 끓여 그릇 3개에 나눠 담고 Navy, Sky Blue, Violet 색소를 넣어 섞는다.
Tip. 색이 진하면 투명도가 낮아지므로 아주 조금만 타주세요.

2 긴 사각 스테인리스 틀을 45도로 기울여서 3가지 색의 투명양갱을 틀의 절반이 차도록 천천히 붓는다.
Tip. 균형이 잘 잡히도록 핸드폰 거치대와 같은 받침대를 틀 아래 받쳐주세요.

3 ② 위에 이쑤시개를 이용해 금박을 투명양갱 안으로 밀어 넣는다.

4 양갱의 표면을 만졌을 때 살짝 탱글탱글하면 스테인리스 틀을 받침대에서 내려놓는다.

5 통팥양갱을 끓여서 스테인리스 틀의
남은 공간을 모두 채운다.

6 스테인리스 틀을 냉장고에 넣어 양갱
을 완전히 굳힌 다음 틀에서 빼낸다.

7 빼낸 양갱을 4cm 길이로 자른다.

Autumn

·

가을

붉은빛과 노란빛이 아름답게 어우러지는 가을은
결실의 계절이기도 하죠.
가을에 수확하는 재료를 활용해
풍성한 가을 풍경을 묘사한 화과자를 소개합니다.

01

·

단감

가을볕에 붉게 익어가는 가을의 대표적인 과일 단감을 화과자로 만들었어요.

영롱한 주홍빛과 초록색 꼭지의 색 대비가 생생한 느낌을 더욱 살려주죠.

단감

재료 우이로 반죽 23g, 춘설앙금 18g
색소 - Neon Orange, Moss Green, Brown

도구 잎사귀 고명틀, 끝이 뾰족한 마지펜, 펜 뚜껑

1 Neon Orange 색소를 진하게 섞은 반
죽 23g을 양손으로 둥글린 다음 2mm
두께로 납작하게 누르고 춘설앙금 18g
을 올려 감싼다.

2 반죽의 이음새 부분을 꼬집어 붙이고
양손으로 둥글린다.

3 한 손으로 반죽을 잡고 다른 손의 엄지
와 검지로 반죽의 네 방향을 살짝 눌러
집어넣는다.

4 **고명 만들기** Moss Green 색소를 섞어
반죽을 만들고 잎사귀 모양 고명틀로
찍어낸다.

Tip. 고명 반죽은 고나시와 네리키리 모두 가능
해요.

5 잎사귀 고명을 감 윗부분에 붙인다.

6 잎사귀 부분을 펜 뚜껑으로 여러 번 찍어서 나이테를 표현한다.

7 끝이 뾰족한 마지펜으로 잎사귀 중간에 구멍을 살짝 뚫는다.

8 Brown 색소를 섞은 반죽을 소량 만들어 얇게 만 다음 ⑦의 구멍에 넣어 꼭지를 표현한다.

02

가을 풍경

가을 산을 물들인 노란빛, 연둣빛 위로
단풍잎 한 조각이 살포시 내려앉았어요.
반죽에는 팥배기를 넣어 낙엽을 깔아놓은 돌길을 표현했어요.

가을 풍경

재료 우이로 반죽 23g, 춘설앙금 18g, 팥배기 약간
  색소 - Lemon Yellow, Neon Green, Red Red, Neon Orange

도구 굵은체, 젓가락, 단풍 고명틀

1 팥배기를 끝이 뭉툭한 막대로 굵게 으깬다.

2 반죽 23g에 으깬 팥배기를 1작은술 넣고 여러 번 치댄다.

3 반죽을 2mm 두께로 납작하게 펴고 춘설앙금 18g을 올려 감싼다.

4 반죽의 이음새 부분을 꼬집어 붙이고 양손으로 둥글린다.

5 반죽의 가운데를 검지로 살짝 눌러 구멍을 내고 엄지와 검지로 가장자리를 꼬집으면서 항아리 모양으로 빚는다.

6 **고명 만들기** Lemon Yellow, Neon Green 색소를 섞은 반죽과 기본 반죽 소량을 섞어서 굵은체에 내린다.

7 젓가락으로 체에 내린 고명을 조금씩 떠서 ⑤의 구멍에 뭉치지 않게 조심하면서 채운다.

8 Red Red와 Neon Orange 색소를 섞은 반죽을 소량 만들고 단풍 모양 고명 틀로 찍어낸다.

9 단풍 고명을 화과자에 올려 장식한다.

03

·

은행잎

선명한 노랑과 연초록이 부드럽게 번지는 은행잎 화과자예요.

막 나무에서 떨어져 가을의 거리를 색색으로 물들이는 은행잎을 닮았어요.

은행잎

재료 고나시 또는 네리키리 반죽 23g, 춘설앙금 20g
색소 - Lemon Yellow, Neon Green

도구 차선, 삼각봉

1 Lemon Yellow 색소를 섞은 반죽 20g
을 양손으로 둥글린 다음 손바닥으로
눌러 2mm 두께로 납작하게 편다.

2 반죽 가운데를 검지로 눌러 구멍을 내
고 Neon Green 색소를 섞은 반죽 3g
을 동그랗게 만들어 구멍 안에 넣는다.

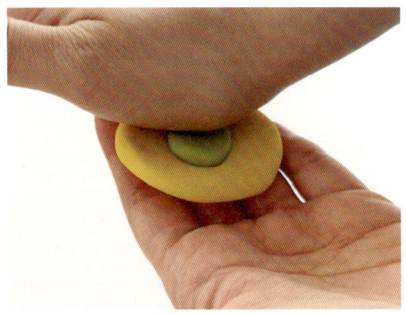

3 반죽을 그 상태로 살짝 눌러 2mm 두
께로 납작하게 편다.

4 반죽에 춘설앙금 20g을 올려 감싸고
이음새 부분을 꼬집어 붙인 다음 양손
으로 둥글린다.

5 반죽의 윗부분을 손바닥으로 눌러 납작하게 펴고 양 손바닥으로 반죽을 비스듬히 만져 역삼각형 모양을 만든다.

6 반죽의 뒷부분을 엄지와 검지로 꼬집어 뾰족하게 만든다.

7 차선을 반죽의 납작한 부분에 여러 번 쓸면서 빗금을 만든다.

8 삼각봉으로 반죽의 윗부분 가운데를 세게 눌러 홈을 낸다.

9 반죽의 끝부분을 엄지와 검지로 꼬집 듯이 눌러가며 납작하게 만든다.

10 반죽의 반 나뉜 부분의 양쪽 가운데를 삼각봉으로 한 번씩 더 찍어 홈을 낸다.

04

단풍뭉치

형형색색 가을 단풍을 겹겹이 얹어 만든,

작은 낙엽더미 같은 화과자예요.

노랑, 주황, 초록 등 다양한 색감으로 깊어가는 계절을 표현했어요.

단풍뭉치

재료 고나시 또는 네리키리 반죽 25g, 춘설앙금 10g
색소 - Lemon Yellow, Neon Green, Neon Orange, Red Red, Neon Purple

도구 단풍잎 고명틀, 끝이 둥근 마지펜

1 기본 반죽 15g을 양손으로 둥글린 다음 2mm 두께로 납작하게 누른다.

2 반죽 위에 춘설앙금 10g을 올려 감싸고 이음새 부분을 꼬집어 붙인 다음 양손으로 둥글린다.

3 **고명 만들기** Lemon Yellow, Neon Green, Neon Orange, Red Red, Neon Purple 색소를 섞은 반죽을 2g씩 만들어 양손으로 둥글린다.

4 ③의 반죽을 여러 조합으로 그러데이션 한 다음 단풍잎 모양 고명틀로 찍어낸다.

5 단풍잎 고명을 ②의 반죽 아래에서부
터 하나씩 붙인다.

Tip. 손으로 붙이는 것보다 끝이 둥근 마지펜을
이용하면 더욱 볼륨감이 생겨요.

6 반죽의 아래쪽을 먼저 두르면서 붙인
다음 위쪽으로 이어 붙인다.

7 기본 반죽이 보이지 않을 때까지 꼼꼼
하게 붙여 장식한다.

05

·

가을 산

녹음이 짙은 산 정산에 구름이 걸친 듯한 모습,

거기에 붉은 열매를 문 작은 새 한 마리가 지나가는 가을 산 화과자예요.

자연스러운 산등성이의 모양이 매력적입니다.

가을 산

재료 고나시 또는 네리키리 반죽 25g, 춘설앙금 20g, 흑임자가루 약간
색소 - Moss Green, Red Red, Brown

도구 면보, 새 고명틀

1 Moss Green 색소를 섞은 반죽 25g을 양손으로 둥글린 다음 손바닥으로 눌러 2mm 두께로 납작하게 편다.

2 반죽에 춘설앙금 20g을 올려 감싼다.

3 반죽의 이음새 부분을 꼬집어 붙인 다음 양손으로 둥글리며 타원형으로 만든다.

4 흑임자가루를 섞은 반죽 2g을 양손으로 둥글린 다음 세로로 얇고 길게 만들어 ③ 위에 붙인다.

5 초록색 반죽과 하얀색 반죽의 경계를 엄지로 밀면서 그러데이션 한다.

6 면보를 물에 살짝 적셔서 물기를 짠 다음 반죽을 감싼다.

7 면보를 비틀어 반죽에 주름을 내고 반죽이 완두콩 모양이 되도록 엄지와 검지로 위에서 살짝 누른다.

8 **고명 만들기** Brown 색소를 진하게 섞은 반죽과 기본 반죽을 적당히 섞은 다음 납작하게 펴서 새 모양 고명틀로 찍어내고, Red Red 색소를 섞은 반죽 소량도 둥글린다.

9 ⑧의 반죽 위에 새와 열매 등 고명을 얹는다.

자색고구마

포슬포슬한 자줏빛 고구마를 쏙 빼닮은 화과자예요.

울퉁불퉁한 질감을 그대로 표현한 고구마에

아기자기한 고구마꽃 장식을 올려 포인트를 줬어요.

자색고구마

재료 고나시 또는 네리키리 반죽 25g, 춘설앙금 20g
색소 - Neon Purple, Moss Green

도구 면보, 잎사귀 고명틀, 매화 고명틀, 이쑤시개

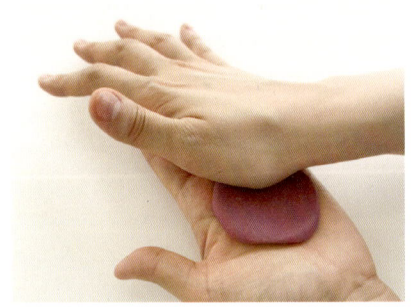

1 Neon Purple 색소를 섞은 반죽 25g을 양손으로 둥글린 다음 손바닥으로 2mm 두께로 납작하게 누른다.

2 반죽 위에 양손으로 둥글린 춘설앙금 20g을 올려 감싼다.

3 이음새 부분을 꼬집어 붙이고 매끄럽게 둥글린 다음 양끝을 뾰족하게 잡아 고구마 모양을 만든다.

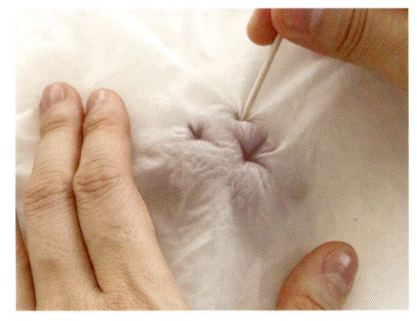

4 얇은 면보에 물을 살짝 적셔 반죽 위에 덮고 양손으로 천을 당기면서 이쑤시개로 반죽을 띄엄띄엄 찔러 무늬를 만든다.

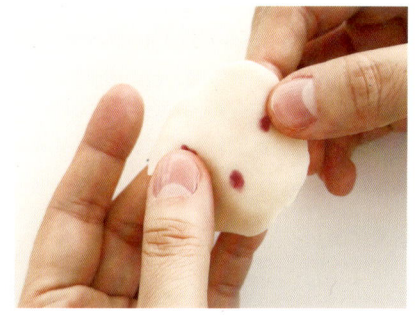

5 고명 만들기 일반 반죽 소량을 1mm 두께로 납작하게 펴고 그 위에 Neon Purple 색소를 섞은 반죽을 콩알만 하게 만들어 얹는다.

6 보라색 반죽을 손가락으로 문질러 그 러데이션 한다.

7 Moss Green 색소를 진하게 섞은 반죽 소량을 1mm 두께로 납작하게 편 다음 나뭇잎 모양 고명틀로 찍어내고, ⑥의 반죽도 납작하게 펴서 매화 모양 고명 틀로 찍어낸다.

8 ④의 반죽 위에 꽃과 잎 고명을 올려 장식한다.

07

·

밤송이

푸릇한 밤 가시 안에 윤기 나는 밤 한 톨이 살포시 들어가 있어요.

밤에 투명양갱을 얇게 발라주어 탐스러운 느낌을 가미했어요.

밤송이

재료 고나시 또는 네리키리 반죽 25g, 춘설앙금 20g, 코코아가루 1큰술, 투명양갱 약간
색소 - Moss Green, Neon Green, Brown

도구 삼각봉, 가는체, 실리콘 붓, 이쑤시개

1 춘설앙금 20g에 코코아가루를 넣고
색이 골고루 배도록 손으로 여러 번 치
댄다.

2 ①을 양손으로 둥글린 다음 삼각봉으
로 가운데를 가로지르며 깊게 홈을 만
든다.

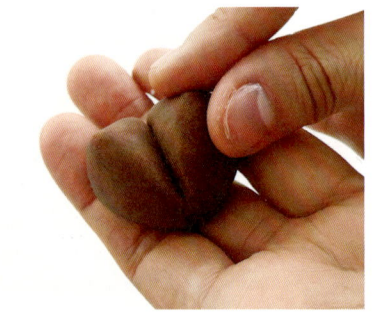

3 앙금의 갈라진 양쪽 부분을 손가락으
로 매만져 밤 모양으로 빚는다.

4 Moss Green, Neon Green, Brown 색
소를 섞은 반죽을 양손으로 둥글린 다
음 가는체의 아래에서 위로 올린다.

5 이쑤시개로 체에 거른 반죽을 조금씩
떠서 밤 아랫부분에 둘러가며 붙인다.
Tip. 반죽을 손으로 누르면 뭉치기 쉬우므로 조
금씩 조심스럽게 붙여주세요.

6 투명양갱을 만들어 붓에 소량 묻히고
밤 부분에 얇게 발라 광택을 낸다.

08

·

가노코

가노코는 앙금 고명의 겉을 콩류로 장식한 일본 화과자예요.

완두콩, 검은콩, 밤 등이 촘촘히 박혀 있어,

가을 수확의 풍요로움을 시각과 식감으로 모두 즐길 수 있죠.

가노코

재료 팥앙금 20g, 백앙금 양갱 5g, 팥배기 1큰술, 완두배기 약간, 치크피 약간, 투명양갱 약간(코팅용)

도구 실리콘 붓

1 백앙금으로 만든 양갱은 2×2cm의 큐브 모양으로 자르고, 팥앙금 20g과 완두배기, 치크피 같은 고명을 준비한다.

2 팥앙금에 흰 양갱을 넣고 감싼다.

Tip. 백앙금 양갱을 따로 준비하기 어렵다면 팥앙금으로만 25g을 사용해도 돼요.

3 ②의 앙금을 양손으로 둥글린 다음 바깥에 팥배기를 골고루 붙인다.

4 팥배기 사이사이에 완두배기와 치크피 등을 조화롭게 붙인다.

Tip. 앙금이 최대한 보이지 않게 빈틈없이 붙여주세요.

5 붓에 투명양갱을 약간 묻혀 가노코 겉
면에 발라 광택을 낸다.

09

·

코스모스

여린 분홍빛 꽃잎 사이로 노란 수술이 피어난 코스모스 화과자예요.

가을 들녘의 산들바람 속에서 흔들리는 한 송이 코스모스를 그대로 빚어냈습니다.

코스모스

재료 고나시 또는 네리키리 반죽 20g, 춘설앙금 20g
색소 - Pink, Lemon Yellow, Moss Green

도구 삼각봉, 가는체, 끝이 뾰족한 마지펜

1 Pink 색소를 연하게 섞은 반죽 20g과 진하게 섞은 반죽 1g을 양손으로 둥글린다.

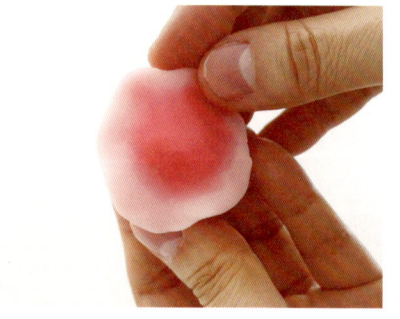

2 연한 핑크색 반죽을 2mm 두께로 납작하게 누르고 그 위에 진한 반죽을 올려 엄지로 문지르면서 그러데이션 한다.

3 반죽을 뒤집어 춘설앙금 20g을 올리고 감싼다.

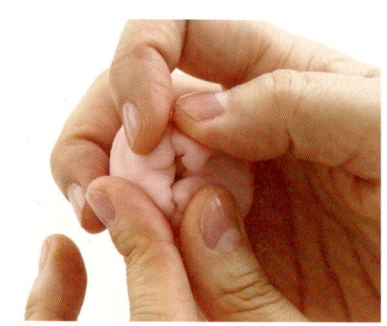

4 이음새 부분을 꼬집어 붙이고 양손으로 둥글린다.

 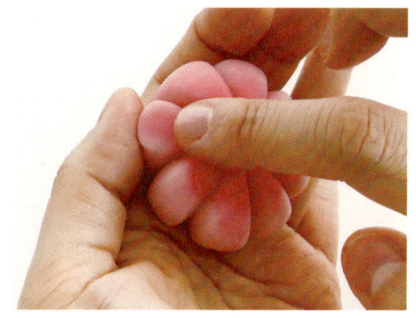

5 삼각봉 모서리를 이용해 반죽에 8등분
으로 무늬를 낸다.
Tip. 입체적인 꽃 모양을 위해서 윗부분뿐 아니
라 아래에서부터 깊게 무늬를 넣어주세요.

6 등분된 반죽을 각각 검지로 눌러가며
윗부분을 납작하게 만든다.

7 끝이 뾰족한 마지펜을 반죽의 가운데
부분에서 바깥쪽으로 눌러주면서 꽃
잎의 디테일을 표현한다.

8 각 잎의 끝부분을 끝이 뾰족한 마지펜
으로 여러 번 눌러 꽃잎 무늬를 낸다.

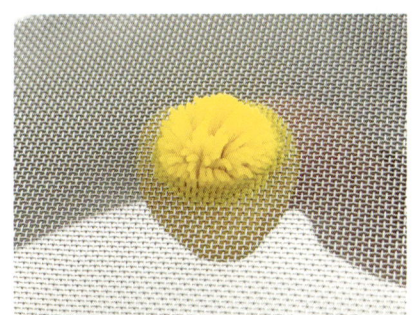 

9 **고명 만들기** Lemon Yellow 색소를 넣
은 반죽을 가는체의 아래에서 위로 올
려 노란색 수술을 만들고 이쑤시개로
떠서 꽃잎 가운데에 올린다.

10 Moss Green 색소를 섞은 반죽으로
가늘게 잎 모양을 만들어 꽃잎 위에
올려 장식한다.

10
·
고슴도치

포동포동한 몸에 송송 돋은 밤송이 같은 가시를 품은 고슴도치 화과자예요.
가을 숲에서 도토리와 낙엽 사이를 종종걸음 치며 걸어가는
고슴도치의 귀여운 모습을 연상시키죠.

고슴도치

재료 고나시 또는 네리키리 반죽 15g, 춘설앙금 10g, 칼몬드 1큰술, 팥양갱 약간
색소 - Ivory, Brown

도구 실리콘 붓

1 Ivory 색소를 연하게 섞은 반죽 15g을 양손으로 둥글리고 2mm 두께로 납작하게 편다.

2 반죽에 춘설앙금 10g을 올려 감싼다.

3 반죽의 이음색 부분을 꼬집어 붙이고 양손으로 둥글린 다음 타원형으로 모양을 잡아 중간 부분을 검지로 누른다.

4 반죽의 윗부분을 엄지와 검지로 뾰족하게 모아 고슴도치 코 부분을 만든다.

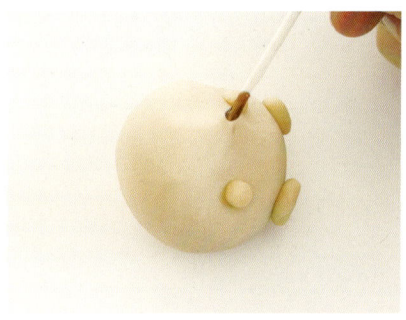

5 **고명 만들기** Ivory 색소를 섞은 반죽을 소량 만들어 발과 손 모양으로 둥글리고 몸통에 붙인다.

6 팥양갱을 끓여 이쑤시개 끝에 찍은 다음 반죽의 눈과 코 부분에 점 찍는다.
Tip. 백앙금으로 끓인 양갱에 Brown 색소를 타도 좋아요.

7 고슴도치의 등 부분에 칼몬드를 뾰족한 부분이 위로 오게 하여 촘촘하게 꽂는다.

8 끓인 팥양갱을 붓에 묻혀 칼몬드 사이사이에 꼼꼼하게 바른다.
Tip. 반죽에는 팥양갱이 묻지 않도록 조심해주세요.

9 아이보리색 반죽으로 귀를 만들어 붙인 다음 이쑤시개 뒷부분으로 귀 안쪽을 살짝 눌러 귓바퀴를 만든다.

11
·
달 토끼 양갱

통밤을 품어 마치 보름달같이 선명한 아름다운 밤양갱이에요.
도톰한 밤 위에 토끼 장식을 얹어 고즈넉하고 풍성한 느낌의
가을 밤하늘을 표현했어요.

달 토끼 양갱 (8개 분량) Autumn

재료 팥양갱 200g, 백앙금 양갱 150g(틀에 가득 찰 만큼), 통조림 통밤 7개, 고나시 반죽 약간

도구 밤 모양 스테인리스 양갱틀, 토끼 고명틀, 팔레트 나이프

1 팥양갱을 끓여 밤 모양 스테인리스 양갱틀에 1/3 높이까지 붓는다.
Tip. 통밤이 들어갔을 때 높이가 더 올라오는 점을 주의해주세요.

2 통조림 통밤을 잘 씻어서 팥양갱에 절반이 잠기도록 일정한 간격으로 하나씩 넣는다.
Tip. 칼로 자르는 부분을 염두에 두고 약 3cm 간격으로 넣어주세요.

3 ②의 표면이 묵처럼 탱글탱글해지면 백앙금을 끓인 양갱을 양갱틀이 꽉 차도록 붓는다.

4 양갱이 완전히 굳으면 팔레트 나이프를 이용해 틀의 가장자리에서 분리시킨다.

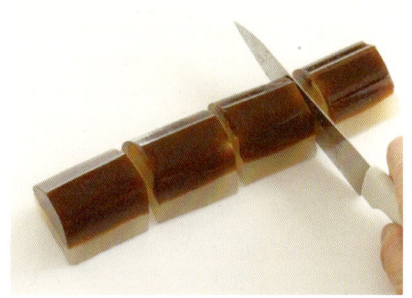

5 양갱의 모양이 망가지지 않도록 조심
스럽게 양갱틀에서 꺼낸다.

6 꺼낸 양갱을 3cm 길이로 자른 다음 밤
이 보이도록 눕힌다.

Tip. 밤의 단면이 보이도록 밤 중간에서 잘라주
세요.

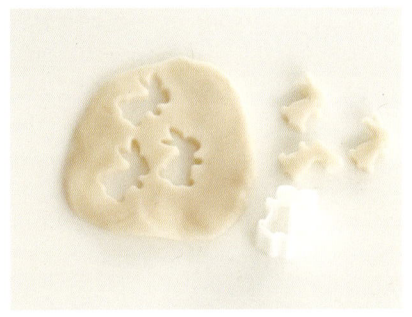

7 **고명 만들기** 기본 고나시 반죽 소량을
양손으로 둥글린 다음 1mm 두께로 얇
게 펴고 토끼 모양 고명틀로 찍어낸다.

8 ⑥의 양갱에서 우측 하단에 토끼 고명
을 붙인다.

12

·

풍성한 가을 양갱

다양한 견과류와 무화과, 크랜베리 같은 건과일을 풍성하게 넣어

가을의 수확을 상징하는 양갱을 만들었어요.

가을의 색감을 담아 따스함이 느껴져요.

풍성한 가을 양갱(8개 분량) Autumn

재료 팥양갱 300g, 견과류와 건과일(취향대로 다양하게 준비) 약간씩, 투명양갱 약간(코팅용)

도구 직사각형 양갱틀, 실리콘 붓, 팔레트 나이프

1 아몬드, 호두, 밤, 말린 무화과, 크랜베리, 캐슈너트 등 다양한 견과류와 건과일을 준비한다.

2 팥양갱을 끓여 직사각형 스테인리스 양갱틀에 4/5 높이까지 붓고 막이 생길 만큼 굳으면 위를 살짝 누르면서 고명을 끝에서부터 촘촘하게 붙인다.

Tip. 양갱이 뜨거울 때 고명을 올리면 고명이 밑으로 가라앉을 수 있어요.

3 고명을 올릴 때는 양갱을 자를 위치는 피한다.

4 투명양갱을 끓여서 붓에 묻히고 ③의 윗면에 바른다.

184

5 양갱이 완전히 굳으면 팔레트 나이프를 이용해 틀의 가장자리에서 분리시킨다.

6 양갱의 모양이 망가지지 않게 조심하면서 양갱틀에서 꺼낸다.

7 꺼낸 양갱을 4cm 길이로 자른다.

Winter

·

겨울

온 세상이 하얗게 변하는 겨울은 은은한 감성을 화과자로 표현하기 좋아요.
크리스마스를 상징하는 오브제를 다양하게 만들어
따뜻한 느낌도 줄 수 있습니다.

01

붉은 동백

겨울의 마지막을 진한 붉은색으로 물들이는 동백꽃에

하얀 눈송이 같은 코코넛가루를 살포시 얹었어요.

겨울의 하얀 아름다움과 따스함을 동시에 품은 화과자예요.

붉은 동백

재료 우이로 또는 고나시 또는 네리키리 반죽 25g, 춘설앙금 20g, 코코넛가루 약간
색소 - Super Red, Moss Green, Lemon Yellow

도구 끝이 뾰족한 마지펜, 톱날 무늬 마지펜

1 Super Red 색소를 진하게 섞은 반죽 25g과 춘설앙금 20g을 양손으로 둥글린다.

2 반죽에 춘설앙금 20g을 올려 감싼다.

3 반죽의 이음새 부분을 꼬집어 붙인 다음 양손으로 둥글려 타원형으로 매끄럽게 빚는다.

4 끝이 뾰족한 마지펜으로 반죽의 가운데를 가로질러 깊게 홈을 내고 그중 한 쪽만 한 번 더 홈을 내 소문자 y 모양을 만든다.

Tip. 선을 옆면까지 내주어야 볼륨감이 생겨요.

5 **고명 만들기** Moss Green 색소를 진하게 섞은 반죽 소량을 1mm 두께로 납작하게 밀고 나뭇잎 모양 고명틀로 찍어낸 다음 반죽 위에 붙인다.

6 나뭇잎 고명을 끝에 톱날 무늬가 있는 마지펜으로 끝부분을 눌러 무늬를 만드는 동시에 고정한다.

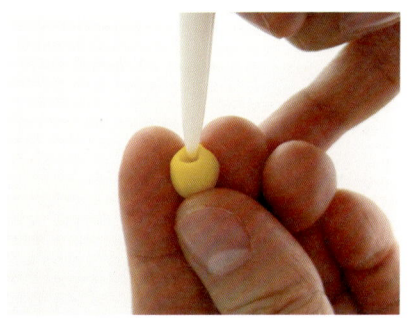

7 Lemon Yellow 색소를 진하게 섞은 반죽 소량을 콩알만 한 사이즈로 동그랗게 뭉친 다음 끝이 뾰족한 마지펜으로 가운데에 깊게 구멍을 낸다.

8 노란색 고명을 반죽 가운데 구멍에 넣어 고정한다.

9 화과자 한쪽에 코코넛가루를 한 꼬집 뿌려 눈 내린 모습을 표현한다.

02
·
무늬동백

한겨울의 추위를 이겨내고 풍성한 빨간 잎과 노란 수술의 화려함을

한껏 자랑하는 것이 동백꽃의 특징이죠.

동백꽃의 섬세한 아름다움이 잘 드러나는 화과자를 만들었어요.

무늬동백

재료 고나시 또는 네리키리 반죽 25g, 춘설앙금 20g
색소 - Red Red, Lemon Yellow, Moss Green

도구 3~4cm 원형틀, 나뭇잎 고명틀, 가는체

1 기본 반죽 25g을 양손으로 둥글린 다음 2mm 두께로 얇게 펴고 그 위에 Red Red 색소를 진하게 섞은 반죽 소량을 덧댄다.

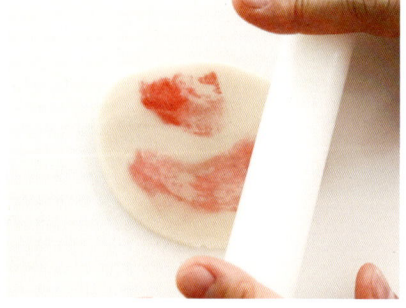

2 빨간색 반죽을 손가락으로 문지른 다음 밀대로 2mm 두께로 한 번 더 밀어 자연스러운 무늬를 만든다.

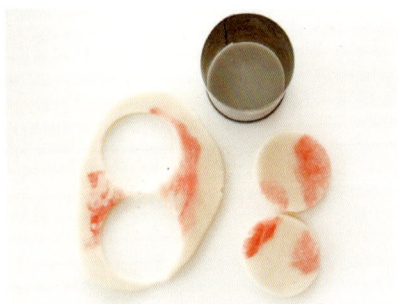

3 반죽을 지름 3~4cm 원형틀로 여러 번 찍어낸다.

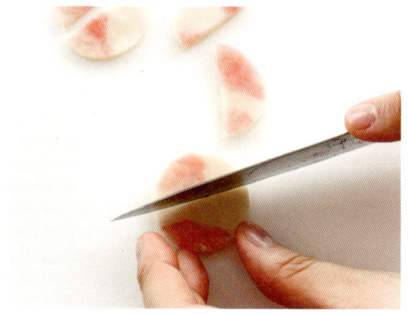

4 ③의 반죽을 반씩 자른다.

5 춘설앙금 20g을 양손으로 둥글린 다음 반씩 자른 반죽을 앙금 아랫부분에 삼각형 구도로 3개 붙인다.

6 꽃잎이 교차된 부분을 가린다는 느낌으로 다른 꽃잎 반죽도 덧대서 붙인다.

7 꽃잎 반죽 10여 개를 꽃 모양으로 붙인 다음 앙금 가운데를 손가락으로 눌러 구멍을 낸다.

8 **고명 만들기** Lemon Yellow 색소를 진하게 섞은 반죽 소량을 가는체의 아래에서 위로 밀어 올린다.

9 ⑧의 꽃술 고명을 앙금의 구멍 주변으로 촘촘하게 붙인다.

10 Moss Green 색소를 진하게 섞은 반죽을 1mm 두께로 얇게 펴고 나뭇잎 모양 고명틀로 찍은 다음 꽃 위에 붙인다.

03

·

겨울왕국

하얀색과 하늘빛이 그러데이션으로 어우러진 반죽 위에
눈송이와 얼음 결정을 얹어 겨울을 묘사했어요.
차가운 겨울의 환상적인 아름다움을 한 조각에 담아냈습니다.

겨울왕국

재료 우이로 반죽 23g, 춘설앙금 18g, 고나시 반죽 5g, 투명양갱 약간
색소 – Sky Blue

도구 눈 결정 플런저커터

1 기본 반죽 23g과 춘설앙금 18g, Sky Blue 색소를 섞은 반죽 2g을 각각 양손으로 둥글린다.

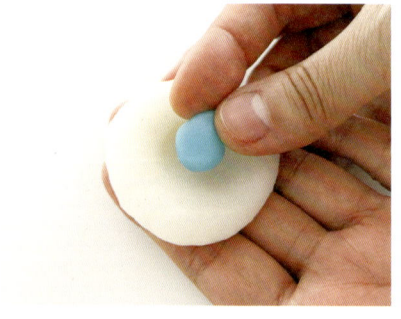

2 기본 반죽을 손바닥 위에 올리고 다른 손 엄지로 꾹 눌러 구멍을 낸 다음 하늘색 반죽을 올려 꾹 누른다.

3 ②의 반죽 위에 앙금을 올려 감싼다.

4 반죽의 이음새 부분을 꼬집어 붙이고 양손으로 둥글려 타원형으로 매끄럽게 빚는다.

5 고명 만들기 고나시 반죽을 1mm 두께
로 얇게 펴고 눈 결정 플런저커터로 찍
어낸다.

6 눈 결정 고명을 반죽 위에 올린다.

7 투명양갱 반죽 소량에 Sky Blue 색소
를 섞고 지름 1~3mm의 원형으로 굳
힌 다음 반죽 위에 2~3개 올린다.

8 색소를 섞지 않은 투명양갱을 살짝 굳
힌 다음 잘게 다져 화과자 위에 올려서
반짝임을 표현한다.

04
·

뚠뚜니 눈사람

파스텔 톤의 모자와 목도리를 둘러 따뜻한 느낌을 주는 귀여운 눈사람이에요.

동글동글한 몸에 포인트로 하트 장식까지 붙여 사랑스러움을 더했습니다.

뚠뚜니 눈사람

재료 우이로 반죽 23g, 춘설앙금 18g, 옥수수 전분 약간, 검은깨 약간
색소 - Sky Blue, Red Red

도구 끝이 반원인 마지펜, 하트 고명틀, 이쑤시개

1 기본 반죽 23g과 춘설앙금 18g을 양손
으로 둥글린다.

2 반죽을 손바닥으로 눌러 납작하게 펴
고 앙금을 올려 감싼 다음 이음새 부분
을 꼬집어 붙이고 양손으로 둥글려 매
끄럽게 빚는다.

3 붓에 옥수수 전분을 묻혀 반죽 전체에
골고루 바른다.

4 반죽을 한 손에 올리고 다른 손 엄지와
검지로 1/3 지점을 가볍게 잡아 조롱
박 모양으로 빚는다.

5 이쑤시개를 이용해 반죽 위에 검은깨를 붙여 눈을 만든다.

6 끝부분이 반원 모양인 마지펜으로 반죽에 입을 찍는다.

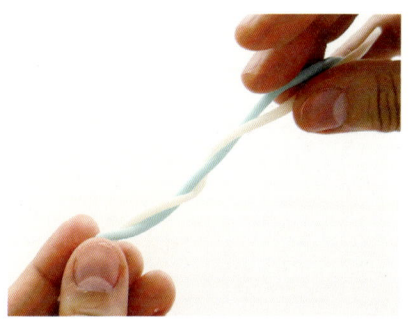

7 고명 만들기 Sky Blue 색소를 섞은 반죽 소량과 기본 반죽 소량을 가늘고 길게 늘인 다음 교차하며 꼬아 목도리를 만든다.

8 하늘색과 기본 반죽을 섞은 반죽을 둥글려 모자를 만들고 목도리와 모자를 눈사람 반죽에 붙인다.

9 Red Red 색소를 진하게 섞은 반죽 소량을 납작하게 편 다음 하트 모양 고명틀로 찍어낸다.

10 하트 고명을 목도리가 교차하는 지점에 붙인다.

05

·

크리스마스 리스

여리여리한 노란 반죽 위에 싱그러운 초록빛을 담은 리스를 살포시 올려줬어요.

종 모양 오너먼트와 열매를 함께 붙여

크리스마스의 기분을 한껏 느낄 수 있습니다.

크리스마스 리스

재료 고나시 또는 네리키리 반죽 23g, 춘설앙금 18g
색소 - Lemon Yellow, Moss Green, Neon Green, Golden Yellow, Red Red

도구 원형 스테인리스 틀(지름 3cm), 작은 잎사귀 고명틀, 가는체, 이쑤시개

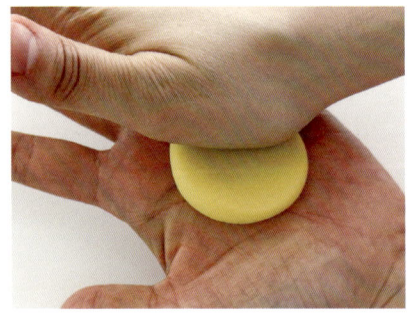

1 Lemon Yellow 색소를 연하게 섞은 반죽 23g을 양손으로 둥글린 다음 손 바닥으로 눌러 납작하게 편다.

2 반죽에 춘설앙금 20g을 올려 감싼다.

3 반죽의 이음새 부분을 꼬집어 붙이고 양손으로 둥글린 다음 타원형으로 매 끄럽게 빚고 지름 3cm 원형틀로 반죽 위쪽을 가볍게 찍는다.

4 고명 만들기 Moss Green, Neon Green 색소를 섞은 반죽과 기본 반죽 소량을 가는체의 아래에서 위로 밀어 올린다.

5 ③의 반죽 위에 선을 따라 ④의 고명을
이쑤시개로 조금씩 떠서 얹는다.

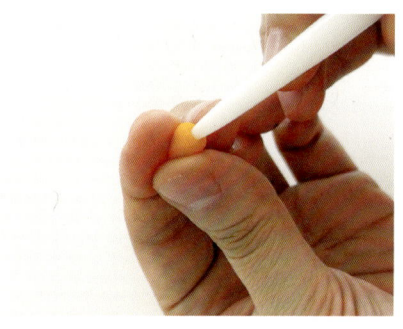

6 Golden Yellow 색소를 섞은 반죽 소
량을 원뿔형 2개로 만들고 끝이 뾰족
한 마지펜으로 아랫부분을 꾹 눌러서
종 모양으로 다듬는다.

7 ⑤의 리스 모양 위에 Golden Yellow
색의 종을 나란히 붙인다.

8 Moss Green 색소를 진하게 섞은 반죽
소량을 1mm 두께로 납작하게 펴고 작
은 잎사귀 모양 고명틀로 반죽을 2번
찍는다.

9 종 모양 고명 위쪽에 잎사귀를 2개 붙
이고 Red Red 색소를 진하게 섞은 반
죽을 작게 둥글려 열매를 만든 다음 종
과 잎사귀 사이를 장식한다.

06
·
크리스마스트리

층층이 쌓아 올린 듯한 나무 위에,
별과 알록달록한 구슬을 소담히 얹어 크리스마스트리를 표현했어요.
연말의 설렘과 포근함이 담긴 화과자입니다.

크리스마스트리

재료 고나시 또는 네리키리 반죽 25g, 춘설앙금 20g, 스프링클 약간
색소 - Moss Green, Lemon Yellow

도구 공예 가위, 작은 별 고명틀, 이쑤시개

1 Moss Green 색소를 진하게 섞은 반죽 25g과 춘설앙금 20g을 양손으로 둥글린다.

2 반죽을 손바닥으로 눌러 2mm 두께로 납작하게 편 다음 앙금을 올려 감싼다.

3 반죽의 이음새 부분을 꼬집어 붙이고 양손으로 둥글린 다음 윗부분을 엄지와 검지로 오므려 뾰족하게 만든다.

4 공예 가위를 이용해 반죽의 윗부분부터 아래 방향으로 조금씩 자른다.
Tip. 가위에 반죽이 묻으면 물을 적신 천에 닦아 가며 잘라주세요.

5 2단부터는 잘린 잎 사이사이에 모양을 잡으며 자른다. 아래로 내려갈수록 자르는 면적을 조금씩 넓힌다.

Tip. 모양이 뭉개지지 않도록 조심스럽게 만져 주세요.

6 **고명 만들기** Lemon Yellow 색소를 진하게 섞은 반죽 소량을 2mm 두께로 납작하게 펴고 작은 별 모양 고명틀로 찍어낸다.

7 ⑤의 반죽 위에 별 고명을 얹는다.

8 이쑤시개를 이용해 스프링클을 나뭇잎 사이사이에 얹어 장식한다.

07
·
루돌프

동화 속에 나오는 루돌프 사슴의 빨간 코와 귀여운 뿔을 강조해 만든 화과자예요.

반짝이는 코 하나로 겨울밤을 환히 밝히는 루돌프처럼

테이블 위에서 작은 기쁨을 전합니다.

루돌프

재료 고나시 또는 네리키리 반죽 25g, 춘설앙금 20g, 투명양갱 약간, 검은깨 2알
색소 - Brown, Red Red

도구 루돌프 뿔 고명틀, 끝이 뾰족한 마지펜, 이쑤시개

1 Brown 색소를 섞은 반죽 25g과 춘설
앙금 20g을 양손으로 둥글린다.

2 반죽을 양손으로 눌러 2mm 두께로
납작하게 펴고 앙금을 올려 감싼다.

3 반죽의 이음새 부분을 꼬집어 붙이고
양손으로 둥글려 타원형으로 매끄럽
게 빚는다.

4 기본 반죽을 지름 5mm 크기로 동그
랗게 3개를 만들어 반죽 위에 붙이고
반죽 안으로 들어가도록 꾹 누른다.

5 Brown 색소를 진하게 섞은 반죽 소량을 2mm 두께로 납작하게 편 다음 루돌프 뿔 모양 고명틀로 찍어낸다.
Tip. 뿔 모양 고명틀이 없다면 칼로 조심스럽게 뿔 모양으로 잘라주세요.

6 반죽에 루돌프 뿔 고명을 붙인다.

7 이쑤시개를 이용해 검은깨 2개를 눈 위치에 붙이고 Red Red 색소를 섞은 투명양갱을 둥근 마지펜으로 똑똑 떨어뜨려 굳힌 다음 떼서 코 위치에 붙인다.

08

·

땡땡이 보따리

크리스마스 아침, 두근거리며 선물을 열어보는 마음을
표현한 보따리 모양 화과자예요.
행복이 가득한 연말이 듬뿍 느껴지도록 따뜻한 색으로 만들었어요.

땡땡이 보따리

재료 고나시 또는 네리키리 반죽 25g, 춘설앙금 20g
색소 - Red Red, Moss Green

도구 실크천

1 Red Red 색소를 아주 연하게 섞은 반죽 25g과 춘설앙금 20g을 양손으로 둥글린다.

2 반죽을 양 손바닥으로 납작하게 눌러 2mm 두께로 납작하게 편 다음 앙금을 올려 감싼다.

3 **고명 만들기** Moss Green 색소를 진하게 섞은 반죽을 5mm 길이의 작은 나뭇잎 모양으로 여러 개 빚어 ② 위에 붙인다.

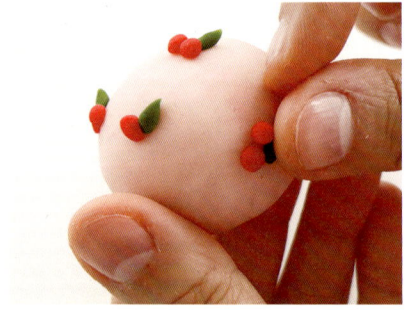

4 Red Red 색소를 진하게 섞은 반죽을 지름 2mm 크기로 동그랗게 여러 개 빚어 나뭇잎 고명 끝에 1~3개씩 붙인다.

5 반죽 주변을 둘러가며 고명을 모두 붙
이고 물을 적신 실크천 위에 올린다.

6 천으로 반죽을 조심스럽게 감싸고 천
끝을 모아 비틀어 보따리 무늬를 낸다.

09
·
한라봉

탱글탱글한 껍질의 질감과 봉긋한 꼭지가 인상적인

겨울의 대표 과일 한라봉이에요.

추운 날씨를 이겨내고 달콤한 과육을 품은 속까지 느껴지는 듯합니다.

한라봉

재료 고나시 또는 네리키리 반죽 25g, 춘설앙금 20g
색소 - Neon Orange, Neon Green, Moss Green, Brown

도구 아이스크림 스틱, 이쑤시개 50개, 나뭇잎 고명틀, 끝이 뾰족한 마지펜

1 Neon Orange 색소를 섞은 반죽 25g 과 Neon Green 색소를 섞은 반죽 1g, 춘설앙금 20g을 각각 양손으로 둥글린다.

2 주황색 반죽 위에 연두색 반죽을 올려 그러데이션 한다.

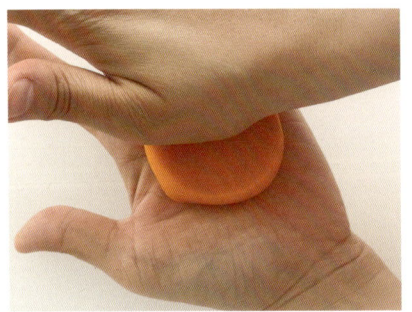

3 반죽을 양 손바닥으로 눌러 2mm 두께로 납작하게 편다.

4 반죽을 뒤집은 다음 앙금을 위에 올려 감싼다.

5 반죽의 이음새 부분을 꼬집어 붙이고 양손으로 둥글린다.

6 반죽을 한 손에 올리고 다른 손 엄지와 검지로 윗부분을 가볍게 잡아 조롱박 모양으로 빚는다.

7 아이스크림 스틱을 이용해 반죽의 윗부분이 울퉁불퉁한 느낌이 나도록 눌러주며 매만진다.

8 이쑤시개 50개를 고무줄로 고정해 반죽 주변을 얕게 찌르면서 한라봉 표면을 표현한다.

9 **고명 만들기** Moss Green 색소를 진하게 섞은 반죽 소량을 얇게 펴서 나뭇잎 모양 고명틀로 찍어내고 Brown 색소를 섞은 반죽 소량을 1.5cm 길이로 가늘게 빚는다.

10 끝이 뾰족한 마지펜으로 한라봉 윗부분에 나뭇잎과 꼭지를 붙인다.

10

·

장화 신은 곰돌이

크리스마스 장화에 곰돌이 한 마리가 쏙 들어가 있어요.
붉은 장화와 포근한 흰 털 장식, 눈꽃 고명이 어우러져
크리스마스의 따뜻한 감성이 고스란히 전해집니다.

장화 신은 곰돌이

재료 고나시 또는 네리키리 25g, 춘설앙금 18g
색소 - Red Red, Brown, Black

도구 끝이 둥근 마지펜, U자형 마지펜, 가는체, 이쑤시개

1 Red Red 색소를 진하게 섞은 반죽 20g과 춘설앙금 18g을 양손으로 둥글린 다음 반죽을 2mm 두께로 납작하게 펴고 앙금을 올려 감싼다.

2 이음새 부분을 꼬집어 붙이고 양손으로 둥글린 다음 엄지로 반죽의 1/3 지점을 눌러 장화 모양으로 빚는다.

3 **고명 만들기** 기본 반죽 소량을 가는체 아래에서 위로 밀어 올리고 이쑤시개로 체에 거른 반죽을 떠서 반죽 윗부분에 동그랗게 붙인다.

4 Brown 색소를 섞은 반죽 5g을 둥글려 장화 윗부분에 붙이고, 같은 색의 반죽 소량으로 지름 3mm의 반죽을 2개 만들어 귀 위치에 붙인다.

5 끝이 둥근 마지펜으로 귀를 눌러 모양을 만든다.

6 기본 반죽을 작게 둥글려 입 부분에 붙이고 Black 색소를 섞은 반죽 소량으로 눈과 코를 만들어 붙인다.

7 끝이 U자인 마지펜으로 입 부분을 눌러 모양을 만든다.

8 갈색 반죽 소량으로 지름 5mm의 반죽을 2개 만들고 머리 아래쪽에 붙여 손을 표현한다.

9 검정 반죽을 얇게 밀어 장화 목 부분에 벨트처럼 두른다.

10 기본 반죽 소량을 1mm 두께로 납작하게 편 다음 눈 결정 모양 고명틀로 찍어내고 벨트 이음새 부분에 붙인다.

11

·

반짝이는 크리스마스

크리스마스 오너먼트처럼 반짝이는 입체적인 양갱을
일본 전통 과자인 당고처럼 만들었어요.
트리, 하트, 진저맨 등 감각적인 모티프가 특징이에요.

반짝이는 크리스마스(약 18개 분량)

재료 백앙금 양갱 200g, 딸기레진, 메론레진
색소 - White, Moss Green, Red Red, Brown, Yellow

도구 육각형 양갱틀, 12cm 꼬치 여러 개, 다양한 고명틀

1 양갱을 끓여서 그릇 3개에 나누어 담은 다음 각각 딸기레진, 메론레진, White 색소를 섞는다.

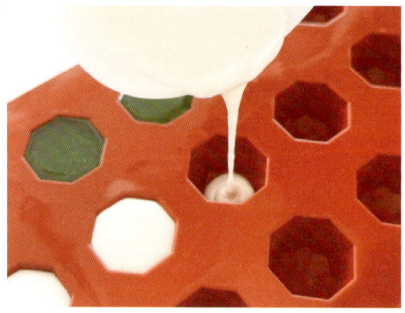

2 육각형 양갱틀에 ①의 양갱을 끝까지 채우고 냉장고에 넣어 식힌다.

3 양갱이 완전히 굳으면 틀의 뒷부분을 눌러 하나씩 꺼낸다.
Tip. 바닥이 끈적일 시 물을 뿌려주세요.

4 12cm 꼬치에 색깔별로 양갱을 하나씩 꽂는다.

5 고명 만들기 Moss Green, Red Red, Brown, Yellow 색소를 섞은 반죽을 각각 만들고 1mm 두께로 납작하게 편 다음 여러 가지 고명틀로 찍어낸다.

Tip. 고명은 고나시, 네리키리, 양갱 모두 가능해요.

6 양갱 위에 별, 리본, 진저맨 등 원하는 고명을 하나씩 올려 장식한다.

12
·
메리 크리스마스!

크리스마스를 상징하는 초록색과 빨간색 양갱 안에

눈을 닮은 크리스마스트리를 얹었어요.

작은 눈 알갱이와 별 장식이 조화를 이뤄 겨울 동화 같은 풍경이 완성됐습니다.

메리 크리스마스!(8개 분량)

재료 투명양갱 150g, 기본 양갱 250g, 딸기레진, 메론레진, 스프링클 약간
색소 - Yellow, White

도구 반원 양갱틀, 트리 고명틀, 별 고명틀, 끝이 뭉툭한 마지펜, 테플론시트

1 투명양갱을 끓여 반원 모양 양갱틀에
1/3 높이까지 붓는다.

2 백옥앙금을 끓인 양갱을 그릇 2개에
나누어 담고 Yellow 색소와 White 색
소를 섞는다.

3 테플론시트에 ②의 양갱을 붓고 숟가
락을 이용해 얇게 편다.

4 ③의 양갱이 어느 정도 굳으면 하얀 양
갱은 트리 모양 고명틀로 찍고, 노란
양갱은 별 모양 고명틀로 찍는다.

5 트리 고명을 일정한 간격으로 투명양
갱 위에 올리고 끝이 뭉툭한 마지펜으
로 조금씩 밀어 넣는다.

6 트리 주변에 하얀 스프링클을 뿌려서
눈을 표현한다.

Tip. 스프링클 몇 개는 안으로 밀어넣어 높낮이 차
이를 주세요.

7 백옥앙금을 끓여 기본 양갱을 만들고
볼 2개에 나누어 담은 다음 각각 딸기
레진과 메론레진을 섞는다.

8 ⑥ 위에 초록색 양갱과 빨간색 양갱이
반반씩 올라가도록 천천히 붓는다.

9 양갱을 냉장고에 넣은 다음 완전히 굳
으면 양갱틀에서 꺼내고 일정한 간격
으로 자른다.

10 자른 양갱의 트리 윗부분에 별 고명
을 하나씩 붙인다.

사계절 한입
화과자

펴낸날 초판 1쇄 2025년 7월 30일

지은이 서지현

발행인 임호준
출판 팀장 정영주
책임 편집 조유진 | **편집** 김경애 박인애
디자인 김지혜 | **마케팅** 이규림 정서진
경영지원 박정식 유태호 신혜지 최단비 김현빈

인쇄 도담프린팅

펴낸곳 비타북스 | **발행처** (주)헬스조선 | **출판등록** 제2-4324호 2006년 1월 12일
주소 서울특별시 중구 세종대로 21길 30 | **전화** (02) 724-7648 | **팩스** (02) 722-9339
인스타그램 @vitabooks_official | **포스트** post.naver.com/vita_books | **블로그** blog.naver.com/vita_books

ISBN 979-11-5846-446-2 13590

비타북스는 독자 여러분의 책에 대한 아이디어와 원고 투고를 기다리고 있습니다.
책 출간을 원하시는 분은 이메일 vbook@chosun.com으로 간단한 개요와 취지, 연락처 등을 보내주세요.

비타북스는 건강한 몸과 아름다운 삶을 생각하는 (주)헬스조선의 출판 브랜드입니다.